ISSN 0044-2259

ZEITSCHRIFT FÜR ANGEWANDTE GEOLOGIE

HERAUSGEGEBEN VOM ZENTRALEN GEOLOGISCHEN INSTITUT IM AUFTRAG DES MINISTERIUMS FÜR GEOLOGIE

AUS DEM INHALT

AKADEMIE-VERLAG · BERLIN

HEFT 4
BAND 24
APRIL 1978
SEITE 149—194
EVP: 2,— M
34114

INHALT — СОДЕРЖАНИЕ — CONTENTS

Die ZEITSCHRIFT FÜR ANGEWANDTE GEOLOGIE berichtet ständig über folgende Arbeitsgebiete: Geologische Grundlagenforschung und Lagerstättenforschung / Methodik der geologischen Erkundung / Ökonomie und Planung der geologischen Erkundung / Technik der geologischen Erkundung / Geologie und Lagerstättenkunde im Ausland. In der Zeitschrift können alle strittigen Fragen der praktischen Geologie behandelt werden. Die Autoren übernehmen für ihre Aufsätze die übliche Verantwortung.

Information an unsere Leser

Aus technisch-redaktionellen Gründen wurde die Auslieferung unserer „Zeitschrift für angewandte Geologie" ab Heft 10/1977 stark verzögert.
Wir bitten um Verständnis.
Die Deutsche Post trägt an dieser verspäteten Auslieferung kein Verschulden.

Akademie-Verlag Berlin

ISSN 0044 - 2259

Zeitschrift für angewandte Geologie

4/78

Herausgegeben vom Zentralen Geologischen Institut Berlin im Auftrag des Ministeriums für Geologie der Deutschen Demokratischen Republik
Verlag: Akademie-Verlag, 108 Berlin, Leipziger Straße 3–4

MAKSIMOW, S. P.; STROGANOW, W. P.

Bedingungen für die getrennte Bildung von Erdöl- und Erdgasakkumulationszonen in der Erdkruste

Z. angew. Geol., Berlin, **24** (1978) 4, S. 149–156, 41 Lit.

Verf. behandeln unter verschiedenen Gesichtspunkten das Problem der getrennten Bildung von Erdöl- und Erdgaslagerstätten sowohl in globaler Sicht als auch hinsichtlich der Genese spezieller Kohlenwasserstoffprovinzen und -becken. Sie kommen zur Formulierung von Gesetzmäßigkeiten, die die Grundlage für Kohlenwasserstoffprognosen bilden und für die Planung des Erdöl- und Erdgaszuwachses von außerordentlichem Nutzen sein werden.

SOKOLOW, W. L.; SIMONENKO, W. F.

Die Evolution der Gasbildung bei der Inkohlung nach experimentell ermittelten Daten

Z. angew. Geol., Berlin, **24** (1978) 4, S. 156–162, 4 Abb., 2 Tab., 13 Lit.

Humus-Clarit-Kohlen der normalen Inkohlungsreihe wurden in einer speziell dafür konstruierten Anlage einer langwährenden (bis 18 d) thermobarischen Einwirkung unterzogen ($t = 100 \cdots 300\,°C$, $P = 300 \cdots 2000\ kg/cm^2$). Zusammensetzung und Intensität der Abgabe der hierbei neugebildeten Gase zeigten eine bestimmte Evolution in der untersuchten Kohlenreihe, die als realisiertes Gasbildungsmodell bei der Inkohlung betrachtet wird. Danach wird die Hauptmenge des Inkohlungsgases in den Frühstadien (B–L) abgegeben und besteht hauptsächlich aus CO_2 (85···97%, Hauptphase der Gasbildung). Im mittleren Inkohlungsstadien (G – GS) nimmt die Konzentration der Kohlenwasserstoffgase zu (bis 80%), hauptsächlich auf Kosten der Homologe des Methans (Phase der Erdöl-Erdgas-Bildung). In den hohen Stadien der Inkohlung (HA und A) ist der Kohlenwasserstoffanteil der Gasphase (71%) fast ausschließlich durch Methan vertreten (Hauptphase der Methanbildung).

KRETZSCHMAR, H.-J.; SEUME, T.

Numerische Simulation der radialsymmetrischen Gasströmung an einer Bohrung

Z. angew. Geol., Berlin, **24** (1978) 4, S. 162–166, 2 Abb., 1 Tab., 6 Lit.

Die Entwicklung reservoirmechanisch-numerischer Simulationsverfahren erstreckt sich auch auf die radialsymmetrischen Strömungsvorgänge an einer Bohrung. Für die Realgasströmung wird ein zweidimensionales Modell in Zylinderkoordinaten abgeleitet und programmiert, das im Grundverfahren einen zukünftigen Druck- und Leistungsverlauf, im Umkehrverfahren die Speichereigenschaften in Bohrungsnähe berechnen kann. Auf Möglichkeiten und Beschränkungen einer praktischen Anwendung wird eingegangen.

MOHNKE, M.; HÖFLING, R.

Anreicherung von Edelgasen in Gasgemischen zur Messung geringer Konzentrationen

Z. angew. Geol., Berlin, **24** (1978) 4, S. 166–168, 1 Abb., 1 Tab., 2 Lit.

Es wird eine Methode beschrieben, mit deren Hilfe Edelgase in Gasgemischen angereichert werden können. Die Anreicherung dient gas- und isotopenanalytischen Zwecken und kann quantitativ und halbautomatisch ausgeführt werden.

ROHDE, G.; TISCHENDORF, G.; u. a.

Mitteilung über das Krokoitvorkommen von Callenberg/Sa.

Z. angew. Geol., Berlin, **24** (1978) 4, S. 168–173, 5 Tab., 7 Lit.

Am 3. 3. 1977 wurde im Erzhorizont des Nickeltagebaus Callenberg/Sachs. ein Krokoitvorkommen angeschnitten. Die Krokoitmineralisation konzentriert sich auf den Kreuzungsbereich zweier, senkrecht zueinander stehenden, stark zersetzten Granitgänge. Der Krokoit kommt hier sowohl in gut ausgebildeten Kristallen als auch in kompakten Massen vor. Als Begleitminerale treten auf: Vauquelinit, Pyromorphit, Mimetesit, Fornacit, Cerussit, Bindheimit, ? gediegen Silber, Quarz, Asbolan. Primäre Bleiminerale wurden bisher nicht gefunden. Mit großer Wahrscheinlichkeit ist anzunehmen, daß primär ein Gang der saxonisch gebildeten fluorbarytischen Bleierzformation mit Arseniden und Antimoniden vorlag. Das Chromatanion ist aus den Chromiten der vermutlich im Tertiär intensiv verwitterten Serpentinite herzuleiten.

BLANKENBURG, H.-J.; RÖSLER, H.-J.

SiO_2-Mobilisation und Quarzbildung beim Kaolinisierungsprozeß

Z. angew. Geol., Berlin, **24** (1978) 4, S. 173–179, 11 Abb., 12 Tab., 21 Lit.

Im Beitrag wurde versucht, anhand von Untersuchungen auf dem Gebiet der Kaolingenese aus Porphyr, Granodiorit und Pechstein den Entstehungsprozeß des Kaolins darzustellen, mit dem Resultat, das trotz ähnlichen Chemismus der betrachteten Gesteine im Chemismus der entstandenen Rohkaoline bedeutende Abweichungen auftraten. Mit Hilfe der gewonnenen Ergebnisse lassen sich die komplizierten Löse- und Kristallisationsvorgänge bei der Kaolinisierung unterschiedlicher Ausgangsgesteine zum großen Teil erklären.

LJACHOWITSCH, W. W.

Die Mineralbilanz als ein Merkmal der erzbildenden Fähigkeit von Granitoiden

(Referat: W. BEYER)

Z. angew. Geol., Berlin, **24** (1978) 4, S. 180–181, 1 Tab.

HÄHNE, R.; JORDAN, H.

Bemerkungen zur internationalen hydrogeologischen Terminologie

Z. angew. Geol., Berlin, **24** (1978) 4, S. 181–186, 4 Tab., 40 Lit.

Auf eine kurze Begriffsabgrenzung folgt die Darstellung einer einfachen Systematik hydrogeologischer Termini und eine Gegenüberstellung gleichwertiger Begriffe in den Sprachen Deutsch, Russisch, Englisch und Französisch. Beispiele für derzeitig unterschiedliche Anwendung übersetzter Begriffe werden angeführt und die Notwendigkeit einheitlicherer Anwendung der hydrogeologischen Termini besonders betont.

JUBITZ, K.-B.

Probleme der Entwicklung und des Baus der Varisziden in Mitteleuropa und im Gebiet der UdSSR
Bilaterales Symposium UdSSR–DDR.
Forschungsbericht zum paläozoischen Geosynklinalprozeß

Z. angew. Geol., Berlin, **24** (1978) 4, S. 187–189, 5 Lit.

BACHMANN, G.

„Landslides and other mass movements"

— Tagungsbericht —

Z. angew. Geol., Berlin, **24** (1978) 4, S. 189–190

Zeitschrift für angewandte Geologie 4/78

Herausgegeben vom Zentralen Geologischen Institut Berlin im Auftrag des Ministeriums für Geologie der Deutschen Demokratischen Republik
Verlag: Akademie-Verlag, 108 Berlin, Leipziger Straße 3–4

MAKSIMOW, S. P.; STROGANOW, W. P.

Conditions for the Separate Formation of Zones of Oil and Gas Accumulations in the Earth's Crust

Z. angew. Geol., Berlin, 24 (1978) 4, pp. 149–156, 41 Refs.

The problem of separate formation of oil and gas deposits is discussed under various aspects from both a global point of view and with respect to the genesis of special hydrocarbon provinces and basins. Regularities are formulated and are the basis of prognosticating hydrocarbon. They will be of extraordinary advantage to planning the increment of oil and gas.

SOKOLOW, W. L.; SIMONENKO, W. F.

The Development of Gas Formation in Coalification Based on Experimental Data

Z. angew. Geol., Berlin, 24 (1978) 4, pp. 156–162, 4 Figs., 2 Tables, 13 Refs.

Humus-clarite coals of the normal series of coalification were subjected to a long-time (up to 18 d) thermobaric action (t = 100° to 300°C, P = 300 to 2,000 kg/cm²) in a plant particularly designed for this purpose. The composition and intensity of emission of the newly formed gases showed a definite development in the series of coals investigated, which is considered to be a model realized for the formation of gas during coalification. From it results that the main quantity of the coalification gas is emitted during the early stages, and that it mainly consists of CO_2 (85 to 97 per cent, main phase of gas formation). During the medium stages of coalification (G to GS) the concentration of hydrocarbon gases increases (up to 80 per cent), mainly at the expense of the homologues of methane (phase of oil and gas formation). In the late stages of coalification (HA and A) the portion of hydrocarbon of the gas phase (71 per cent) is almost exclusively represented by methane (main phase of methane formation).

KRETZSCHMAR, H.-J.; SEUME, TH.

Numerical Simulation of the Radial-Symmetrical Gas Flow in a Well

Z. angew. Geol., Berlin, 24 (1978) 4, pp. 162–166, 2 Figs., 1 Table, 6 Refs.

The development of reservoir-mechanical and numerical methods of simulation also extends to radial-symmetrical flow processes in a well. A two-dimensional model derived in cylindrical coordinates and programmed for the real-gas flow enables a future development of pressure and output to be calculated by the base method, and the storage properties near the well to be calculated by the method of inversion. Possibilities and limits of practical application are discussed.

MOHNKE, M.; HÖFLING, R.

Enrichment of Rare Gases in Gas Mixtures for Measuring Small Concentrations

Z. angew. Geol., Berlin, 24 (1978) 4, pp. 166–168, 1 Fig., 1 Table, 2 Refs.

A method enabling rare gases to be enriched in gas mixtures is described. The enrichment serves the purposes of gas and isotopic analyses and can be performed both quantitatively and semiautomatically.

ROHDE, G.; TISCHENDORF, G.; et al.

Communication on the Crocoite Occurrence of Callenberg (Saxony)

Z. angew. Geol., Berlin, 24 (1978) 4, pp. 168–173, 5 Tables, 7 Refs.

A crocoite occurrence was cut in the ore horizon of the nickel open-cast mine of Callenberg (Saxony) on March 3, 1977, where the crocoite mineralization is concentrated on the area of intersection of two mutually perpendicular, highly decomposed, granite lodes. The crocoite occurs both in well developed crystals and compact masses. Accessory minerals include vauquelinite, pyromorphite, mimetite, fornacite, cerussite, ? native silver, quartz, and asbolane. So far primary lead minerals have not been discovered. Most probably, there must have primarily been a lode of the Saxonian-formed fluorobarytic lead-ore formation with arsenides and antimonides. The chromate anion must be derived from the chromites of serpentinites presumably weathered intensely during the Tertiary.

BLANKENBURG, H.-J.; RÖSLER, H.-J.

Mobilization of SiO_2 and Formation of Quartz in the Process of Kaolinization

Z. angew. Geol., Berlin, 24 (1978) 4, pp. 173–179, 11 Figs., 12 Tables, 21 Refs.

By means of studies of the genesis of kaolin from porphyry, granodiorite and pitchstone an attempt was made to describe the process of kaolinization. As a result, considerable differences were found in the chemism of the raw kaolins formed, in spite of the similar chemism of the rocks considered. By means of these results the intricate processes of dissolution and crystallization taking place during the kaolinization of different source rocks can largely be explained.

LJACHOWITSCH, W. W.

The Mineral Balance as a Criterion for the Ore-Forming Capacity of Granitoids

(Abstracted by W. BEYER)

Z. angew. Geol., Berlin, 24 (1978) 4, pp. 180–181, 1 Table

HÄHNE, R.; JORDAN, H.

Observations on the International Hydrogeological Terminology

Z. angew. Geol., Berlin, 24 (1978) 4, pp. 181–186, 4 Tables, 40 Refs.

A brief delimitation of the term is followed by a description of a simple systematization of hydrogeological terms and their comparison in German, Russian, English, and French. Examples for the presently different application of translated terms are mentioned, and the necessity of a more uniform application of hydrogeological terms is emphasized.

JUBITZ, K.-B.

Problems of Developmnet and Structure of the Variscides in Central Europe and in the Territory of the U.S.S.R. –
A Progress Report on the Palaeozoic Geosynclinal Process
Bilateral Symposium U.S.S.R. – G.D.R.

Z. angew. Geol., Berlin, 24 (1978) 4, pp. 187–189, 5 Refs.

BACHMANN, G.

„Landslides and other mass movements“

— Session report —

Z. angew. Geol., Berlin, 24 (1978) 4, pp. 189–190

ZEITSCHRIFT FÜR ANGEWANDTE GEOLOGIE

Träger der Ehrennadel in Gold
der Gesellschaft für Deutsch-Sowjetische Freundschaft

BAND 24 · APRIL 1978 · HEFT 4

Bedingungen für die getrennte Bildung von Erdöl- und Erdgasakkumulationszonen in der Erdkruste

MAKSIMOW, S. P.; STROGANOW, W. P., UdSSR

In den letzten 15 bis 20 Jahren haben die Erkundungsgeologen der Sowjetunion sehr erfolgreich gearbeitet. In dieser Zeitspanne wurden die neuen erdöl- und erdgasführenden Provinzen Westsibiriens, die gasführenden Gebiete von Süd-Mangyschlak in der Kasachischen SSR, das Amu-Darja-Gebiet in Mittelasien und die neuen Bezirke (in der Belorussischen SSR, der Udmurtischen ASSR, des Kaliningrader Gebiets der RSFSR u. a.) sowie Erdöl- und Erdgaslagerstätten (Samotlor, Urengoj, Orenburg, Usin, Shetybaj, Uzen, Schatlyk) entdeckt. Durch die Entdeckungen der vergangenen Jahre ist die Entwicklung der erdöl- und gasfördernden Industriezweige im X. Fünfjahrplan in dem in den Direktiven des XXV. Parteitags der KPdSU vorgesehenen Umfang praktisch gewährleistet. Der XXV. Parteitag der KPdSU stellte den Geologen neue, noch größere und kompliziertere Aufgaben: den Vorlauf an erkundeten Vorräten mineralischer Rohstoffe im Vergleich zum Entwicklungstempo der Förderindustrie zu sichern.

In diesem Zusammenhang stehen die Erdölgeologen der Sowjetunion vor großen Aufgaben. Zur Erfüllung der großartigen Pläne sind fundamentale geologische Untersuchungen zu entwickeln, die die wissenschaftlich begründete Planung der geologischen Erkundungsarbeiten auf Erdöl und Erdgas gewährleisten. Den entscheidenden Platz in der Erdölgeologie nehmen die Untersuchungen zur Klärung der Bildungsbedingungen der Kohlenwasserstofflager und der Gesetzmäßigkeiten ihrer Verteilung ein. Gerade sie haben unmittelbaren Einfluß auf die Effektivität der geologischen Sucharbeiten und tragen zum schnellen Nachweis von Erdöl- und Erdgaslagern bei. Nach der staatlichen Planaufgabe wird der Umfang des Zuwachses an Erdöl- und Erdgasvorräten einzeln geplant, und entsprechend getrennt müssen die Akkumulationszonen an flüssigen und gasförmigen Kohlenwasserstoffen prognostiziert werden.

Zu Beginn der Entwicklung der geologischen Wissenschaften galt das Hauptaugenmerk dem Erdöl. Man nahm an, daß sich die gasförmigen Kohlenwasserstoffe zusammen mit den flüssigen und immer genetisch an sie gebunden bilden. Sogar die Wissenschaft, die sich mit diesen Fragen beschäftigt, heißt „Erdölgeologie". Diese Situation besteht bis in die jüngste Zeit.

Die Vermutung einer engen und ständigen Wechselbeziehung zwischen Erdöl und Erdgas wurde in gewissem Maße mit beginnender Entwicklung der Erdölindustrie gerechtfertigt, als im wesentlichen Erdöllager erkundet wurden und keine Sucharbeiten auf gasförmige Lagerstätten erfolgten, weil Gas zu der Zeit nicht genutzt wurde. Man bohrte (hauptsächlich nach Daten von Oberflächenausstrichen) die Lagerstätten flüssiger Kohlenwasserstoffe ab, wo es zwar Gase gab, aber eben als Nebenprodukt anfallend, an Homologen des Methans reich, tatsächlich an das Erdöl gebunden. Heute ist aber klar, daß sie nur einen ganz geringen Prozentsatz der ungeheuren Menge an den im Erdinnern befindlichen Gasen stellen. Theoretische Voraussetzungen für die Autonomie des Gasbildungsprozesses, seine Universalität, gab es indes schon lange. So wies schon WERNADSKI (Abriß der Geochemie, 1928) darauf hin, daß die Gasbildungprozesse auf der Erde ausnehmend weit verbreitet sind und sich über 90% der Pflanzen- und Tierwelt bei der Einbettung in Gas, darunter auch in Methan verwandeln. Erst in heutiger Zeit begann die Theorie von der Notwendigkeit einer selbständigen Behandlung nicht nur der Erdöl-, sondern auch der Gasbildungsprozesse immer mehr Anerkennung zu finden, wobei natürlich auch die Fälle nicht ausgeschlossen werden, wo die Kohlenwasserstoffgase wirklich parallel zur Generation der flüssigen Kohlenwasserstoffe gebildet werden.

Als Periode des Umschwungs sind die Jahre 1950 bis 1960 zu bezeichnen, als die ersten theoretischen Arbeiten zur getrennten Bildung der Erdöl- und Erdgaslagerstätten formuliert und veröffentlicht wurden. Sie gaben die Möglichkeit, in unserem Land den Vorratszuwachs und den Umfang der Tiefbohrungen einzeln, für Erdöl und Erdgas, zu planen. Die Krönung dieser Periode bildete die Allunionstagung zur getrennten Planung des Erdöl- und Erdgaszuwachses und der beschleunigten Erkundung von Gasakkumulationen, die im Jahre 1959 in der staatlichen wissenschaftlich-technischen Kommission durchgeführt wurde. Das Arbeitsmaterial dieser Kommission und der Tagung wurde im Jahre 1960 veröffentlicht.

Die Analyse der wechselseitigen Verteilung der gasförmigen und flüssigen Kohlenwasserstoffe zeigte, daß die Hauptressourcen des freien Gases und Erdöls in den Gesteinen differenziert[1]) entweder nach der Fläche oder nach dem Profil verteilt sind. Die Erdöl- und Erdgaslagerstätten befinden sich in einem selbständigen lithologisch-stratigraphischen Komplex, der nach oben und nach unten durch sichere Deckschichten, gleichsam durch einzelne Gruppen mit einem bestimmten vorherrschenden Kohlenwasserstofffluid in jeder von ihnen isoliert ist.

In dem Bereich, wo in den Speicherschichten eines bestimmten Alters große Gaslagerstätten verbreitet sind, ist der Anteil ihrer Vorräte, wenn auch Erdölakkumulationen vorhanden sind, in der Regel sehr gering im Vergleich zu den Gesamtressourcen freien Gases, das in den Lagern konzentriert ist. Umgekehrt sind in den Zonen vorherrschender Erdölführung die Ressourcen an freiem Gas relativ gering.

In jeder Zone kann man Unterzonen, Bezirke, Abschnitte und schließlich einzelne Lager aussondern (entsprechend der erforderlichen Detailliertheit der Untersuchung), wo spezifische Besonderheiten in der Verteilung der Lagerstätten festgestellt werden, die für das gegebene geologische Objekt zutreffen. Entsprechend der gestellten Aufgabe werden im vorliegenden Artikel die allgemeinen Ursachen der getrennten Bildung von Erdöl- und Erdgasakkumulationen untersucht.

Das getrennte differenzierte Auftreten der gasförmigen und der flüssigen Kohlenwasserstoffe ist die Hauptgesetzmäßigkeit bei ihrer wechselseitigen Verteilung in der Sedimentfolge der Erde und charakterisiert die spezifischen Züge bei der Bildung der Erdölakkumulationszonen gegenüber den Gasakkumulationszonen.

Gruppen von Erdöl- oder Gaslagerstätten, die Erdöl- oder

Übers.: H. PATZE, Berlin

[1]) Es handelt sich um die Kohlenwasserstoffe, die in Lagern konzentriert sind; in disperser Form sind sowohl die Gase — in Wasser gelöst, vom Gestein sorbiert — als auch die Bitumoide in der dispersen organischen Substanz überall verteilt und bilden sozusagen den Untergrund.

Gasakkumulationszonen bilden, nehmen unterschiedliche Flächen innerhalb eines bestimmten Gesteinskomplexes ein. Einmal umfaßt die Zone der Erdöl- oder der Gasakkumulation das gesamte Territorium eines Beckens mit Sedimenten eines bestimmten Alters, wobei sie eine einheitliche Zone innerhalb des ganzen großen tektonischen Elements bilden. In anderen Fällen nimmt die Zone der Gasakkumulation innerhalb eines einheitlichen Beckens den einen Teil und die der Erdölakkumulation den anderen ein.

Geologisch-geochemische Ursachen

Die getrennte Verteilung der Erdgas- und Erdölakkumulationszonen und ihre unterschiedlichen Abmessungen sind durch geologisch-geochemische Ursachen entsprechend unterschiedlichen Ausmaßes bedingt. Bis heute wurden ziemlich viele Faktoren ermittelt, die eine getrennte Bildung begünstigen. Vor allem sind hier die Arbeiten von WHITES zu nennen, der die Theorie des „Kohlenstoffkoeffizienten“ nach Material der Nordamerikanischen Tafel formulierte. Wenn die organische Substanz stark umgewandelt ist (der Kohlenstoffkoeffizient beträgt über 65 bis 70%), so fehlt nach WHITE in den Gesteinen das Erdöl infolge seiner völligen Destruktion bis zum Methangas. In der UdSSR wurde von ANDREJEW u. a. (1957) die Theorie der Methanisierung des Erdöls in großen Tiefen in der Zone hoher Temperaturen umfassend ausgearbeitet. Insgesamt wird die vorherrschende Gasführung tieflagernder Schichten an vielen erdöl- und gasführenden Becken gut bestätigt, wenn auch Ausnahmen zu beobachten sind. LANDES (1967) wies darauf hin, daß von den 1949 bis 1965 in Teufen über 5 km entdeckten Lagern mehr als 2/3 Gas oder Gaskondensat liefern. Die gegebene Theorie war jedoch nicht allgemeingültig, wenn sie auch die Ursachen der erhöhten Gasführung der tieflagernden Schichten im allgemeinen richtig nannte, weil sie die Lösung des Problems schon in den Grundzügen nicht förderte, denn die überwiegende Mehrzahl der Erdöl- und Erdgaslagerstätten befindet sich in Teufen bis zu 5 km, und hier weist der Faktor „Destruktion des Erdöls“ keinen nennenswerten Grad auf. Hier wirken andere Ursachen.

Ein gewisser Beitrag zur Behandlung des Problems der getrennten Bildung der einzelnen Erdgas- und Erdöllager wurde von CHABBERT (1958) geleistet, der den Einfluß des hydrodynamischen Effekts — das leichtere „Herauswaschen“ des Erdöls aus den Fallen gegenüber dem Gas durch das sich bewegende Wasser — zeigte. Von vielen Wissenschaftlern wurde die Rolle der organischen Ausgangssubstanz bei der getrennten Bildung der Erdöl- und Gasakkumulationszonen festgestellt.

Die organische Humussubstanz liefert in der Hauptsache Gas; Die sapropelitische organische Substanz kann im wesentlichen Erdöl produzieren. Unter Berücksichtigung des Typs der organischen Substanz kann man die Bildung vieler rein gasführender und rein erdölführender Bezirke verstehen.

Mit dieser „einfachen“ Rolle der organischen Substanz kann man jedoch natürlich nicht die vielen anderen Faktoren erklären, die sogleich auftreten, wenn der Einfluß des Typs der organischen Substanz auf die Bildung der Erdöl- und Gasakkumulationszonen klar ist. Vor allem blieb die vorherrschende Gas- und Erdölakkumulation in den Schichtenfolgen mit gemischtem Typ der organischen Substanz unklar (die jurassischen Ablagerungen Mangyschlaks, die jurassischen und kretazischen Ablagerungen im mittleren Obgebiet in Westsibirien u. a.). Wenn man sich lediglich auf die Rolle der organischen Ausgangssubstanz stützt, bliebe hier die Ursache für die Bildung von vorwiegenden Erdölakkumulationszonen ungeklärt.

Außerdem stellte sich heraus, daß auch die sapropelitische organische Substanz nicht immer Erdöl ergibt: in geringen und auch in erheblichen Tiefen enthalten die mit organischer Substanz vom Sapropeltyp angereicherten Schichtenfolgen Gaslagerstätten. Es wurde eine eingehende Behandlung der Gas- und Erdölgenerationsprozesse in Abhängigkeit vom Typ der organischen Substanz, von der Absenkungstiefe der Erdölmuttergesteinsfolgen oder den thermobarischen Verhältnissen erforderlich.

Im vorliegenden Artikel werden wir nicht die Rolle der inneren in der organischen Substanz vom Humus- oder Sapropeltyp selbst eingeschlossenen Energie bei den Bildungsprozessen von Erdöl und Erdgas in der Natur behandeln. Man muß jedoch damit rechnen, daß die Energie bei der Bewegung der Materie in den verschiedenen Etappen ihrer Evolution aus der höheren Form (biologische, chemische) in die niedrigere (Wärme- und mechanische Energie) übergeht. Hierbei besitzen die geologischen (äußeren) Bedingungen eine charakteristische Besonderheit — sie sind im Stande, die thermodynamischen Prozesse im System der organischen Substanzen zu beschleunigen oder sie umgekehrt zu bremsen, können aber die Gerichtetheit des Gesamtprozesses der Senkung des Energieniveaus bei der Umbildung der organischen Substanz in Erdöl und Erdgas nicht verändern. In Verbindung damit werden sich die thermodynamischen Bedingungen bei der kontinuierlichen Absenkung der mit organischer Substanz angereicherten Sedimentfolgen des Beckens verändern (Temperatur, Druck, geochemische Verhältnisse usw.), und wenn sie die für die Erdgas- und Erdölbildung günstigen Bedingungen erreicht haben, werden sie die Generations- und Migrationsprozesse der Kohlenwasserstoffe in höchstem Grade beschleunigen.

Drei Zonen der Erdgas-Erdölgeneration

Gegenwärtig steht fest, daß im Absenkungsprozeß der Erdölmuttergesteine drei Zonen der Erdgas- und Erdölgeneration vorhanden sind.

Die obere Zone

der Gasgeneration befindet sich im Tiefenintervall von 1,0 bis 1,5 km, wo sich unabhängig vom Typ der organischen Substanz gasförmige Kohlenwasserstoffe bilden. Die Stadien der Umwandlung der organischen Substanz sind Torf, Braunkohle, Beginn der Langflammkohle. Die größte Menge an Methan, das die Hauptkomponente der Gaslager stellt, bildet die organische Substanz vom Humustyp.

Die mittlere Zone

von 1,0···1,5 bis 4,0···4,5 km umfaßt die Stadien der Umwandlung der organischen Substanz: Langflammkohle, Gaskohle, Fettkohle, die der intensiven Erdölbildung entsprechen; SOKOLOW wies im Jahre 1965 als erster deutlich darauf hin, WASSOJEWITSCH (1967) ist der Meinung, daß gerade hier die Hauptphase der Erdölbildung aus der sapropelitischen organischen Substanz vor sich ging. Die organische Humussubstanz könnte auch Erdöl produzieren, jedoch in unvergleichlich kleineren Ausmaßen.

Im Jahre 1972 bezeichneten MAKSIMOW, BOTNJEWA und PANKINA gerade dieses Tiefenintervall der maximalen Erdölbildung als „Hauptzone der Erdölbildung“, wobei sie annahmen, daß unter natürlichen Verhältnissen eine bestimmte Zone und nicht eine Phase durch die entsprechenden für die maximale Erdölgeneration günstigen thermobarischen Verhältnisse charakterisiert wird. Die genannten Wissenschaftler wiesen auch auf eine Reihe von geologisch-geochemischen Faktoren hin, die das „Niveau" der Hauptzone der Erdölbildung in den erdölführenden Becken verändern.

Die untere Zone

der Gasgeneration liegt in Tiefen von über 4,5 bis 5 km. Sie umfaßt das Stadium der Umwandlung der organischen Substanz in Kokskohle und darüber. Unabhängig vom Typ der organischen Substanz bildet sich hier Methangas, wobei nach Meinung von NERUTSCHEWA u. a. (1973) die Hauptmasse des Methans durch sapropelitische organische Substanz produziert wird. Hier befindet sich die „Hauptphase" der Gasgeneration. Das Methangas bildet sich hier ebenfalls auf Kosten der Destruktion des Erdöls. Obwohl der Prozeß der Gasgeneration in beliebigen Teufen vor sich geht, gibt es doch gleichsam zwei Maxima: ein hohes (bis zu einer Teufe von 1,0 bis 1,5 km) und ein tiefes (in einer Teufe über 5 km); zwischen ihnen befindet sich die Zone der intensiven Erdölgeneration (Hauptzone der Erdölbildung), deren charakteristisches Merkmal eine abgeschwächte Gasgeneration ist. Das sich in dieser Zone parallel zum Erdöl bildende Gas wird in der Regel vollkommen im Erdöl und im Wasser gelöst. Untersuchungen der Gassättigung der Schichtwässer (SORKIN u. a. (1975), STROGANOW (1975)) zeigten, daß die Schichtwässer gerade in diesem Intervall am häufigsten nicht mit Gas gesättigt sind, hier fixiert sich ein Defizit der Gassättigung. Dieses mittlere, hinsichtlich der Gasbildung sehr abgeschwächte Tiefenintervall, das zwei Maxima der Gasbildung trennt, unterstreicht gewissermaßen die sehr wichtige Rolle des oberen und unteren Tiefenmaximums der Gasgeneration bei der Bildung der Gasakkumulationszonen.

Da die Mächtigkeit der Sedimenthülle der Erde in den meisten Bezirken selten 5 km übersteigt (CHAIN (1973)) und die Tiefenzone der Methangeneration nicht erreicht wird, das Potential an organischer Substanz aber in Tiefen von 1,5 bis 5 km in Richtung auf die Generation vorwiegend flüssiger Kohlenwasserstoffe realisiert wird, wurde der Gedanke geäußert, daß die Hauptbedeutung bei der Bildung der Gasakkumulationszonen in vielen Regionen den Gasen der frühen Generation zukommt, und die Tiefen, in denen sie sich bilden, gewissermaßen die Hauptzone der Methanbildung darstellen.

Das Faktenmaterial zeigt (LINDTROP u. a. (1970)), daß sich über 70% der nachgewiesenen Gasressourcen der Erde in Tiefen bis 2 km konzentrieren. Einen großen Teil davon machen die Gase der frühen Generation aus. Folglich können sich bei günstigen Bedingungen auf Kosten des Gases der frühen Generation große Gasakkumulationszonen bilden, die sich gegenwärtig nicht nur unmittelbar in geringen Teufen, sondern auch in mittleren und erheblicheren Teufen befinden können, je nach der geologischen Geschichte der konkreten Regionen.

Die wichtige Rolle der diagenetischen Etappe bei der Bildung der gasförmigen und flüssigen Kohlenwasserstoffe wurde von WERNADSKI schon früher und auch jetzt noch unterstrichen. Er wies darauf hin, daß sich die Kohlenwasserstoffe in der Biosphäre bilden (die er als „Schicht des Lebens" bezeichnete); besonders eingehend wurde sie in den Arbeiten WEBERS (1973) behandelt. Die heutigen Daten haben gezeigt, daß die diagenetische Etappe für die Generation flüssigen Erdöls sozusagen die Vorbereitungsetappe ist, während sie für die Gasbildung nicht nur wichtig, sondern in vielen Bezirken grundlegend ist, weil gerade hier die Bedingungen für die Bildung von Gaslagern geschaffen werden (WEBER 1975). Sind die Bedingungen für ihre Erhaltung vorhanden, bilden diese Gasmassen die größten Gasakkumulationszonen (Norden Westsibiriens).

Durch die umfassende Behandlung der Rolle der organischen Ausgangssubstanz, die Bestimmung des Charakters der Intensitätsveränderung der Generation der gasförmigen und flüssigen Kohlenwasserstoffe in verschiedenen Tiefen konnten neue geologisch-geochemische Faktoren nachgewiesen werden, die die getrennte Bildung der Erdgas- und Erdölakkumulationzonen begünstigen.

Vor allem ist zu sagen, daß die Hauptzonen der Gasbildung (die obere und die tiefe) nicht mit der Hauptzone der Erdölbildung (der Tiefe nach die mittlere) zusammenfallen, was natürlich die spezifischen Verhältnisse für die Bildung der Erdgas- und Erdölakkumulationszonen bedingt. Die Tatsache des Vorhandenseins von Gaslagerstätten in geringen Teufen in den Folgen mit sapropelitischer organischer Substanz, die Verbreitung der großen Zonen der Gasakkumulation in den oberen Teilen der Sedimenthülle (ohne „obligatorisches" und häufig unbegründetes Heranziehen der vertikalen Migration von unten), die Konzentration der Hauptvorräte an Erdöl in mittleren Tiefen, die Entwicklung vorwiegend von Gaslagerstätten in den Zonen der tiefen Absenkung der Schichten fanden ihre Erklärung.

Faktoren der Bildungsprozesse

Gleichzeitig zeigt eine Analyse, daß ziemlich häufig nicht die Generationsbedingungen für Erdgas und Erdöl den entscheidenden Einfluß auf die Bildung der Gas- oder Erdölakkumulationszonen haben, sondern die Faktoren, die mit den Bildungsprozessen der Lager und ihrer Erhaltung zusammenhängen. So bilden sich zum Beispiel trotz der Entwicklung intensiver Gasbildungsprozesse in der oberen Zone hier bei weitem nicht immer große Gaslagerstätten, da es wegen der schlechten Qualität der Deckschichten keine Bedingungen für die Erhaltung und Konservierung der Gase gibt usw. In einigen Bezirken gibt es trotz des Vorhandenseins von sapropelitischer organischer Substanz in den Schichtenfolgen und der für die Erdölbildung ausreichenden Tiefen keine Erdöllager, weil alte Fallen fehlen und aus anderen Ursachen. Von vielen Wissenschaftlern wurde die sehr wichtige Rolle der mächtigen salzführenden Schichtenfolgen bei der Bildung großer Zonen der Erdgasakkumulation angeführt.

In einigen Bereichen hängt die Bildung der Erdgas- und Erdöllager in einem bestimmten Gesteinskomplex überhaupt nicht mit dem Vorhandensein oder dem Fehlen der organischen Substanz darin zusammen, sie erfolgt durch den Zufluß von Erdöl oder Gas von unten infolge der vertikalen Migration (mesozoischer Komplex der Dnepr-Donez-Senke). All dies zeigte die außerordentliche Bedeutung, die die Bildungsprozesse der Lagerstätten haben.

Migrations- und Akkumulationsprozesse

Der erste ernstzunehmende Schritt zum Verständnis der Rolle der Migrations- und Akkumulationsprozesse bei der getrennten Bildung der Erdöl- und Erdgasakkumulationszonen wurde zu Beginn der fünfziger Jahre getan, als die Theorie der differenzierten Fallenbildung formuliert wurde; das war eine große Leistung des geologischen Denkens, weil zum erstenmal die Möglichkeit der getrennten Bildung von Erdöl- und Gaslagern während der gemeinsamen Migration von Erdöl und Erdgas in einer Speicherschicht und von ganzen Gruppen von Lagerstätten, d. h. von Erdöl- und Gasakkumulationen aufgezeigt wurde. Die einzelnen Voraussetzungen zur Ausarbeitung dieser Theorie wurden von SAWTSCHENKO (1952) geschaffen, der viel für die wissenschaftliche Begründung der Suchrichtungen auf Gaslager getan hat. Er behandelte jedoch nicht die Besonderheiten der Verteilung der Erdgas- und Erdöllager in einer Kette von Fallen auf dem monoklinalen Hang einer Depression, die durch den Unterschied der spezifischen Gewichte von Erdöl und Erdgas entstehen mußten (MAKSIMOW (1964)).

Der Theorie der differenzierten Fallenbildung liegt der Unterschied in den physikalischen Eigenschaften nicht nur zwischen den Kohlenwasserstoffen und Wasser, sondern auch zwischen den flüssigen und gasförmigen Kohlenwasserstoffen — ihr ungleiches spezifisches Gewicht — zu Grunde, folglich ist für die Gase die Eigenschaft zur Migration und Akkumulation am unterschiedlichsten, und damit ist es für das Erdöl unmöglich, das Gas aus den Fallen herauszudrängen.

Beim Ablauf dieses Prozesses müssen bei der gemeinsamen Bewegung von Erdöl und Erdgas unter natürlichen Verhältnissen in einer Fallenkette, die den Rand einer Senke kompliziert, die unteren Fallen mit Gas angefüllt sein, weil dies bei der Migration die ersten auf dem Wege liegenden Fallen ausfüllt; nur die oberen Fallen werden mit Erdöl angefüllt, nachdem das gesamte Gas sich in den unteren konzentriert und die oberen für die Akkumulation flüssiger Kohlenwasserstoffe frei bleiben.

Dieser ungewöhnliche, logisch begründete Schluß (es schien immer, daß das Gas als leichtester Kohlenwasserstoff hypsometrisch höher als das Erdöl liegen müßte), der durch Material aus der Wolga-Ural-Provinz, Kanada, dem Iran und anderen Territorien untermauert wird, war der erste kräftige Anstoß zur Verstärkung der Arbeiten zur Untersuchung der Ursachen für die getrennte Bildung von Gas- und Erdöllagern in den anderen Bezirken. Dadurch wurde die Anzahl der Bereiche, wo die Verteilung von Lagerstätten nach dem Prinzip der differenzierten Fallenbildung erfolgte, stark erweitert. Diese Erscheinung wurde nicht nur auf den alten, sondern auch auf den jungen Tafeln festgestellt, zum Beispiel von FEDOROW (1962, 1971) auf der Skythischen Platte im Prikum-Tjulenew-Bezirk, von SAWTSCHENKO (1952, 1968), KRYLOW (1971), STROGANOW (1976) auf der Turan-Platte in der Süd-Mangyschlak-Senke und der Amu-Darja-Syneklise. Diese Theorie fand Anerkennung und weite Verbreitung; sie wurde infolgedessen in vielen, früher nicht nach diesem Gesichtspunkt untersuchten Bezirken überprüft. Einige Wissenschaftler jedoch (BURSCHTAR (1973), ASCHIROW u. a. (1973)) bezweifelten die Richtigkeit dieser Theorie.

Insbesondere BAKIROW u. a. (1971) waren der Meinung, daß im Cincinatti-Scheitel (Nordamerikanische Tafel) die umgekehrte Gesetzmäßigkeit festzustellen ist. Dort befindet sich das Gas im Scheitel und das Erdöl erheblich niedriger. Auf dem Territorium der Sowjetunion wird gewöhnlich auf die Gasführung der Stawropol- und Zentral-Kara-Kum-Aufwölbung verwiesen, wo die umgekehrte Gesetzmäßigkeit besteht, d. h., die Verteilung der Gas- und Erdöllager widerspricht gewissermaßen dem Prinzip der differenzierten Fallenbildung. In Wirklichkeit besteht jedoch bei diesen Beispielen kein Widerspruch zum Prinzip der differenzierten Fallenbildung. Dieses mit der getrennten Akkumulation von Erdöl und Erdgas im Migrationsprozeß zusammenhängende Prinzip wurde durch den Unterschied in den physikalischen Eigenschaften der flüssigen und gasförmigen Kohlenwasserstoffe, ihr ungleiches spezifisches Gewicht hervorgerufen. Es wurde unmittelbar durch die Ursachen bedingt, die für die Kohlenwasserstoffe charakteristisch sind und zweifellos in allen Bezirken auftreten, wo sich diese befinden. Die wechselseitige Verteilung der Erdöl- und Erdgaslager kann jedoch tatsächlich infolge der unterschiedlichen geologischen Verhältnisse in einer Reihe von Bezirken anders sein. Mit anderen Worten, auch die geologischen Faktoren spielen neben den physikalischen eine sehr wichtige Rolle in der differenzierten Verteilung von Erdgas und Erdöl in der Erdkruste. Tatsächlich ist das klassische Schema der Verteilung der Erdöl- und Gaslager nach dem Prinzip der differenzierten Fallenbildung in erheblichem Maße durch die Bildungszeit der Fallen begrenzt. Es gilt in den Bereichen, wo die Fallen zu gleicher Zeit gebildet wurden. In den Bezirken, wo die Strukturen nicht gleichzeitig entstanden, kann die allgemeine Gesetzmäßigkeit gestört sein.

Migration

Wenn die flüssigen Kohlenwasserstoffe, deren Löslichkeit in den unterirdischen Wässern sehr gering ist, in der freien Phase nach dem regionalen Anstieg der Gesteine migrierten, und das Erdgas, dessen Löslichkeit in den unterirdischen Wässern erheblich höher als die des Erdöls ist, zusammen mit den unterirdischen Wässern in gelöstem Zustand transportiert wird, so können diese Verhältnisse die Bildung von Lagern bedingen, von Gaslagern in den gehobenen Fallen und von Erdöllagern in den abgesenkten Fallen, die an den Hängen und Rändern der Senken liegen.

Bei der Migration des Gases in wassergelöstem Zustand ist die Bildung von Gasansammlungen lediglich in den Zonen der Kompensation des Sättigungs- und Schichtdrucks möglich, wo das Gas aus den Schichtwässern in die freie Phase entlöst wird. Besonders günstige Bedingungen für den genannten Prozeß werden an der Nahtstelle von Randsenken und Tafeln geschaffen, wo die Sedimentwässer mit dem gelösten Gas, aus tiefer gelegenen Staugebieten abgepreßt und verlagert, in hypsometrische Niveaus in die Entlastungszonen aufsteigen, je nach dem regionalen Anstieg zu den Scheitelzonen der jungen Tafeln hin. Wenn an den Hängen der Scheitelzonen kein Druckausgleich erreicht wird, so werden die abgesenkten Fallen Erdöl akkumulieren, das in der freien Phase migriert war, und die Topfallen werden Gasansammlungen enthalten, weil in den Zonen niedrigen Drucks das in den Schichtwässern gelöste Gas in die freie Phase entlöst wird.

Akkumulation

So nehmen auf die getrennte Bildung der Erdöl- und Erdgasakkumulationszonen viele verschiedenartige Ursachen Einfluß. Dabei zeigt sich, daß in den verschiedenen Bezirken verschiedenartige Ursachen den entscheidenden Einfluß haben. Einmal hat der Typ der organischen Ausgangssubstanz die Hauptbedeutung, in anderen Bezirken die Besonderheiten der Migration und Akkumulation von Erdgas und Erdöl (das Prinzip der differenzierten Fallenbildung), in dritten die Besonderheiten der geologischen Entwicklung des Territoriums u. a. Man hatte den Eindruck, daß es unmöglich ist, ein theoretisches Schema zu schaffen, daß in jedem Bezirk eigene Verhältnisse, eigene konkrete Gesetzmäßigkeiten bestehen. Wir müssen einfach immer von neuem die Ursachen registrieren, die die Bildung der Erdöl- und Erdgasakkumulationszonen in den entsprechenden Bezirken bedingen.

Verallgemeinerung

Um die sehr wichtige Rolle der spezifischen Züge der Geologie eines bestimmten Bezirks vollkommen zu erfassen, muß man bei einem solchen großen regionalen Prozeß, wie es die Erdöl- und Erdgasakkumulation ist, allgemeine globale Gesetzmäßigkeiten festlegen. Ein volles Erkennen der Bildungsbedingungen der Erdgas- und Erdölakkumulationszonen in der Erdkruste kann lediglich mit der Schaffung eines allgemeinen theoretischen Schemas erreicht werden, in dem gewissermaßen die Wirksamkeit der einzelnen Faktoren „vereint" ist und in dem auch die schon gezogenen Schlußfolgerungen sowie die Ergebnisse weiterer Bearbeitungen Platz finden, welche die gesamte Summe von Fragen zu den Besonderheiten der Generation, Konservierung und Akkumulation von Erdöl und Erdgas betreffen.

Auf Grund der Verallgemeinerung des Materials vieler erdöl- und gasführender Bezirke ist es möglich, ein allgemeines theoretisches Schema der Bildung der Erdgas- und Erdölakkumulationszonen in der Sedimenthülle aufzustellen. Darin kann man zwei Hauptgruppen von Ursachen aussondern. Zur ersten Gruppe gehören die „genetischen Ursachen", die die Besonderheiten der Gene-

ration, Migration und Akkumulation der gasförmigen und flüssigen Kohlenwasserstoffe wiedergeben, die sozusagen die fundamentalen Unterschiede in ihren Eigenschaften charakterisieren, welche zu den Erdgasen und Erdölen selbst gehören und daher überall auftreten, wo diese Fluide vorhanden sind. Diese Ursachen haben gewissermaßen allgemeine weltweite Bedeutung und sind einheitlich in den unterschiedlichen Regionen zu verfolgen, sie bilden die Grundlage, das Skelett des „Bildungsschemas". Die zweite Gruppe bilden die „regionalen Ursachen". Bei der Wirkung der regionalen Ursachen wird die Spezifik der Bildung der Erdgas- und Erdölakkumulationszonen nicht nur durch die „genetischen" für die Gase und Öle charakteristischen Unterschiede bedingt, sondern auch durch die ungleichartige geologische Entwicklung und den Bau der verschiedenen Bezirke, die unterschiedliche Bildungszeit der Fallen und der Migrationsbedingungen. Diese Ursachen sind in geologisch unterschiedlichen Regionen nicht gleich, sie tragen die spezifischen Züge jeder konkreten Region.
Diese Teilung in zwei Gruppen ist natürlich sehr vorbehaltlich, in der Natur ergänzen sie sich gegenseitig. Für ein tieferes wissenschaftliches Verständnis der Bildungsbedingungen der Erdgas- und Erdöllagerstätten ist es jedoch äußerst nützlich, eine solche vorbehaltliche Grenze zu ziehen.

Das „allgemeine Schema"

Betrachten wir kurz das „allgemeine Schema" als einheitliches Ganzes und bestimmen wir die Rolle der verschiedenen Faktoren in ihrer natürlichen Wechselwirkung in Raum und Zeit für die Bildung der Erdgas- und Erdölakkumulationszonen. Vor allem hat die Gruppe der „genetischen Ursachen" Einfluß auf die Bildung der Erdgas- und Erdölakkumulationszonen.

Ausgangssubstanz

Von den oben aufgezählten Ursachen ist der Unterschied im Typ der organischen Ausgangssubstanz das erste Glied im Bildungsprozeß der Erdgas- und Erdölakkumulationszonen. Der Unterschied in der organischen Ausgangssubstanz bedingt nämlich, daß die einzelnen lithologischen Komplexe innerhalb ganzer großer Becken Kohlenwasserstofffluide vorwiegend eines Typs enthalten. Diese Tatsache sichert das differenzierte Auffinden der für ein bestimmtes Territorium und nach den Ressourcen größten Erdgas- und Erdölakkumulationszonen. Wenn der Norden Westsibiriens sozusagen der Hauptpol der Gasakkumulation unseres Planeten ist, so ist der mesozoisch-känozoische lithologische Komplex des Persischen Golfs der Pol der Erdölakkumulation der Erde.
Das Nichtzusammenfallen der Zentren der Erdgas- und Erdölakkumulation der Erde illustriert am deutlichsten die getrennte Verteilung der größten Gas- und Erdölakkumulationszonen und die Rolle der organischen Ausgangssubstanz dabei. Der Unterschied im Typ der organischen Ausgangssubstanz tritt jedoch, wie schon erwähnt, nur in den mittleren Tiefen sehr deutlich auf, wenn die Gesteine mit sapropelitischer organischer Substanz in die Hauptzone der Erdölgeneration abgesenkt werden. Bei diesem Absenken wird ein ungeheures Potential an sapropelitischer organischer Substanz in Richtung der Generation vornehmlich flüssiger Kohlenwasserstoffe realisiert.

Wie wir sehen, bedingen die Besonderheiten der Erdgas- und Erdölgeneration, die den einen Teil der Faktoren in der Gruppe der „genetischen Ursachen" ausmachen, in vielen Bezirken die getrennte Bildung der Erdgas- und Erdölakkumulationszonen.

Besonderheiten von Migration und Akkumulation

Erheblichen Einfluß besitzen die Besonderheiten der Migration und Akkumulation der gasförmigen und flüssigen Kohlenwasserstoffe, die den anderen Teil der „genetischen Ursachen" bilden. Für die Bildung einer Gasakkumulationszone haben die Bedingungen große Bedeutung, die für die Erhaltung und Konservierung der Gase günstig sind. Es ist ein ganzer Komplex von geologischen Faktoren nötig — mächtige Deckschichten, schnelle Absenkung, Fehlen von Schichtlücken in der Sedimentation u. a., damit die sich überall bildenden Gase erhalten bleiben und eine große Gasakkumulationszone bilden. Gerade weil das Gas eine große Migrationsfähigkeit besitzt und einer diffusionären Zerstreuung unterliegt, erfolgt die Bildung der Gasakkumulationszonen in nur wenigen Bezirken, wenn auch der Prozeß der Gasbildung selbst äußerst weit verbreitet ist. Das klarste allgemeingültige Beispiel für die Rolle der Konservierung bei der Bildung der Gasakkumulationszonen ist vorwiegend die Gasführung der jungen Plattformen. Wenn sich auch tatsächlich ziemlich bedeutende Gaslagerstätten auf den alten Tafeln befinden (Panhandle-Hugoton, Nordamerikanische Tafel, Orenburg, Russische Tafel), so befinden sich doch die größten Zonen der Gasakkumulation mit gigantischen Gaslagern gerade auf den jungen Tafeln in der mesozoisch-känozoischen Sedimenthülle (Westsibirische, Westeuropäische, Turan-Skythische Zone). Diese Gesetzmäßigkeit ist in ihren Hauptzügen durch den erhöhten Temperaturgradienten, besonders im Stadium der Umwandlung der organischen Substanz, und durch den Einfluß des Erhaltungsfaktors, insbesondere der Dauer des Vorhandenseins der Gaslager in den Sedimentgesteinen, bedingt. Natürlich wirkt sich eine lange diffusionäre Zerstreuung innerhalb der alten Tafeln in größerem Maße auf die Zerstörung der Gaslager aus, als auf den jungen Tafeln, wo das Alter der Gasakkumulationen unvergleichlich geringer ist. Auf den alten Tafeln sind die Gaslager in der Regel lediglich unter sicheren salzführenden und unter tonigen Schichtenfolgen erhalten.

In dem ältesten Sedimentbecken, dem Irkutsker Amphitheater, ist in den subsalinaren präkambrischen Ablagerungen sogar unter einer solchen sicheren Decke wie Salz unter den Entwicklungsbedingungen hochmineralisierter Schichtwässer eine starke Untersättigung der Wässer mit Gas festzustellen.
In vielen Bezirken enthalten einzelne selbständige lithologische Komplexe ein Gestein sowohl mit organischer Humus- als auch mit Sapropelsubstanz, wodurch hier bei genügender Absenkung eine Erdgas- und Erdölgeneration großen Ausmaßes erfolgt. In solchen Fällen geht aber auch die getrennte Bildung der Gas- und Erdölakkumulationszonen vor sich, jedoch unter Einwirkung anderer „genetischer Ursachen". Wenn in einer Schichtenfolge, die sowohl Humus- als auch Sapropelsubstanz enthält, Generationsprozesse sowohl von Erdgas als auch von Erdöl abliefen, eine tiefe Gasbildung jedoch nicht stattfand, so hängt die Bildung der Gasakkumulationszone von den Erhaltungsbedingungen der Gase der frühen Generation ab. Die Bildung der Erdölakkumulationszone wird von dem Auffüllungsgrad der Fallen mit Gas der vorangehenden Generation abhängen. Sind die Bedingungen für die Erhaltung der Gase der frühen Generation negativ, so werden sich trotz der Produzierung sowohl von Gasen als auch von Erdölen in den Fallen vorwiegend flüssige Kohlenwasserstoffe akkumulieren, es bildet sich eine Erdölakkumulationszone. Die Besonderheiten der Konservierung (die große Fähigkeit der Gase zur Disper-

sion) bedingten hier die Bildung von nur einer Zone mit einem einheitlichen Kohlenwasserstofftyp.
Ein Beispiel dafür sind die jurassischen Ablagerungen in der Süd-Mangyschlak-Senke, wo sich eine Zone vorwiegender Erdölakkumulation befindet, wenn auch die Erdöl- und Gasmuttersedimente des unteren und mittleren Juras organische Substanz sowohl vom Humus- als auch vom Sapropeltyp enthalten.
Wenn in solchen Schichtenfolgen ungeheure Massen von Gas der frühen Generation erhalten geblieben sind und außerdem innerhalb der nachfolgenden Absenkung eine Erdölgeneration erfolgte, so geht auch in dieser Situation eine getrennte Bildung der Erdgas- und Erdölakkumulationszonen vor sich. Entscheidend ist hier der Vorrang des Gases vor dem Erdöl bei der Akkumulation, weil die Fallen mit Gas der frühen Generation angefüllt werden, das später vordringende Erdöl sich nicht darin konzentrieren kann und an die Ränder gedrängt wird. In diesem Falle haben die Besonderheiten der Akkumulation von Gasen und Ölen große regionale Bedeutung, sie begünstigen die getrennte Bildung der Gas- und Erdöllager nicht nur in den einzelnen Fallen, sondern innerhalb ganzer großer Becken.
Ein Beispiel dafür sind die jurassischen Ablagerungen in der Amu-Darja-Syneklise, wo die Erdöl- und Gasmuttergesteinsablagerungen des unteren und mittleren Juras die obere Zone schnell durchdrangen und von einer mächtigen (bis 1000 m) Salz-Anhydrit-Folge des oberen Juras überdeckt wurden, was die Dispersion der Gase verhinderte und ihre Erhaltung begünstigte.
Im Ergebnis bildete sich in den subsalinaren Ablagerungen auf einem großen Teil des Territoriums eine Gasakkumulationszone. Das Erdöl wurde in höchstem Grad in die Randgebiete der Syneklise abgedrängt, wo es sich in den Fallen vom nichtstrukturellen Typ akkumulierte oder zerstört wurde. Restansammlungen konnten sich nur in den äußersten Randbereichen halten. Eine ähnliche Situation ist in den Bezirken festzustellen, wo die Gesteine nach der Bildung der Erdölakkumulationszone im zentralen Teil der Senke auf großen Flächen in erhebliche Tiefe abgesenkt wurden und wo die Gase der späteren Generation bei der Migration das Erdöl aus den Fallen nach dem regionalen Aufsteigen der Schichten verdrängen und es zu den Rändern hin auspressen.

Rolle des Gasvolumens

Im allgemeinen befindet sich die Größe der Erdölakkumulationszone in direkter Abhängigkeit vom Volumen des Gases. Sind die Bedingungen für seine Generation und Erhaltung maximal gut, so bildet sich eine einheitliche Gasakkumulationszone, die das Territorium eines ganzen Beckens bis zu den äußersten Randteilen umfaßt. Lediglich in den Randfeldern können sich nicht vollkommen herausgedrängte kleine Ansammlungen flüssiger Kohlenwasserstoffe halten. Im Prinzip ist eine völlige Herausdrängung des Erdöls moglich. Dies ist besonders wahrscheinlich in den subsalinaren Ablagerungen, wo die besten Bedingungen für die Erhaltung von Gas der frühen Generation bestehen. Ist das Gas trotz der Erhaltung in seinem Volumen unzureichend, und die Erdölgeneration war erheblich, so erfolgt dagegen eine starke Ausbreitung der Erdölakkumulationszone, die gewissermaßen die innere Gaszone umsäumt, und ihre Rolle innerhalb dieses tektonischen Elements wächst stark. Es ist klar, daß die unterschiedliche Kombination der Generationsbedingungen, der Erhaltung, Migration und Akkumulation von Erdöl und Gas auch ein wechselseitiges Verhältnis zwischen den Erdgas- und Erdölakkumulationszonen bedingen. Gerade unter solchen geologischen Verhältnissen tritt die Wirkung des Prinzips der differenzierten Fallenbildung am deutlichsten auf, wo sie nicht nur lokale, sondern große regionale Bedeutung hat.

Eine mehr lokale Wirkung des Prinzips der differenzierten Fallenbildung liegt in der getrennten Verteilung der Gas- und Erdöllagerstätten in den vorwiegend erdölhöffigen Bezirken, wo bei der gemeinsamen praktisch gleichzeitigen Migration das aus dem Erdöl ausgeschiedene Begleitgas (genetisch anders, nicht an die Hauptzonen der Gasbildung gebunden) die unteren Fallen einnimmt. Das Volumen des ausgeschiedenen Gases hängt dabei vom Verhältnis zwischen dem Sättigungsdruck des Erdöls mit Gas und dem Schichtdruck ab (MAKSIMOW 1964). In einigen Fällen, in Bezirken mit ungeheurer Erdölkonzentration und bei seiner aktiven Migration in Zonen mit stark erniedrigten Schichtdrücken, können sich jedoch Gasakkumulationen oder Gaskappen ganz erheblichen Ausmaßes bilden, zum Beispiel in den Asmara-Ablagerungen im Persischen Becken auf dem Pasanun-Feld u. a.

Wie wir sehen, erfolgt die Bildung der Gasakkumulationszonen in vielen Bezirken unter Einwirkung einer Reihe „genetischer Ursachen" sowohl in den Schichtenfolgen mit organischer Humussubstanz als auch mit gemischter sapropelitischer und Humussubstanz. Trotz des einheitlichen Typs des Kohlenwasserstofffluids besteht jedoch zwischen diesen Gasansammlungen auch ein ziemlich wesentlicher Unterschied. In den Zonen mit organischer Humussubstanz (disperse organische Substanz oder Kohleflöze) bilden sich Gaslager mit trockenem Methangas. Der Gehalt an Homologen beträgt zehntel und hundertstel Prozent (zum Beispiel Cenoman Westsibiriens).
Während sich in den Bezirken mit gemischter organischer Substanz trotz der Generation sowohl von Gas als auch von Erdöl in einer bestimmten Gesteinsfolge immerhin eine Gasakkumulationszone bildete, ist die Zusammensetzung des Gases der Gaslager vollkommen anders, unterschiedlich angereichert mit schweren Homologen des Methans und in erheblichem Umfang Kondensat enthaltend. Wie schon erwähnt (MAKSIMOW 1976), können die Gas-Kondensat-Systeme aus zwei Arten bestehen: reine Gaskondensatlagerstätten (Ausgangs- oder Primärlager) oder Gaskondensatlagerstätten mit Erdölsäumen (neugebildete oder sekundäre).

Die Akkumulation des ersten Typs bildet sich gewöhnlich als Ergebnis der Umlagerung der Gaskondensatsysteme ohne Beteiligung der flüssigen Phase in diesen Prozessen. Ihre Entstehung ist vorwiegend an gasgenerierende Folgen gebunden, die disperse organische Substanz vom Humus- oder gemischten Sapropel-Humus-Typ enthalten. Die Systeme dieser Art bilden sich sowohl in den frühen als auch in den sehr späten Stadien der Emigration der Kohlenwasserstoffe aus den Muttergesteinsfolgen in die Speichergesteine.
Die Lager des zweiten Typs entstehen durch die Lösung eines Teils der leichten Erdölfraktionen in den komprimierten Gasen bei der Absenkung der Lager. Die reinen Gaskondensatsysteme ohne Erdölsäume, d. h. diejenigen vom ersten Typ, bilden sich in großen Tiefen, wo hohe Drücke, Temperaturen und eine vorwiegende Gasgeneration günstige Bedingungen für den vollständigen Übergang der flüssigen Kohlenwasserstoffe in die Gasphase schaffen.

So kann man durch die Analyse der Zusammensetzung des Gases in den Gasakkumulationszonen ihren genetischen Typ bestimmen und die geologischen Umstände ihrer Bildung rekonstruieren. Schließlich bedingen die Besonderheiten der Migration der Gase und Öle, insbesondere die große Fähigkeit der Gase zur vertikalen Migration, in einer Reihe von Bezirken die Bildung von Gasakkumulationszonen in den darüberliegenden lithologischen Komplexen. Als Beispiel dafür kann die Bildung der Gaslagerstätten in den mesozoischen Ablagerungen der Dnjepr-Donez-Senke dienen. So wurde oben die Gruppe der „genetische Ursachen" behandelt, die die getrennte Bildung der Erdgas- und Erdölakkumulationszonen begünstigen und allgemeinste Bedeutung für alle Bezirke haben.

„Regionale Ursachen"

Der Einfluß der Gruppe der „regionalen Ursachen" ist, obwohl er selbständige Bedeutung hat, doch untrennbar verbunden mit den „genetischen Ursachen", vor allem damit, daß der Generationsprozeß der Erdgase und Erdöle, wie oben gezeigt wurde, ungleichmäßig, stadienhaft verläuft; es werden Maxima und Minima der Generation ausgeschieden. Im geologischen Entwicklungsprozeß gehen auch die Etappen der tektonischen Aktivierung ungleichmäßig vor sich. Die Bildungszeit lokaler Fallen in den erdöl- und gasführenden Bezirken ist unterschiedlich, sie korreliert auf verschiedene Weise mit der Entstehungszeit einer bestimmten Folge nach der Hauptzone der Erdöl- und Erdgasgeneration. Daher kann die Wechselbeziehung dieser Parameter starken Einfluß auf die Bildung der Gas- oder Erdölakkumulationszone in einem bestimmten Becken nehmen. Die spezifischen regionalen Ursachen überprägen gewissermaßen die allgemeinen genetischen Faktoren und bedingen die originelle Bildung von Kohlenwasserstofflagern in jeder Region, wobei einem bestimmten „genetischen" Faktor die entscheidende Bedeutung zukommt. Wenn wirklich ungeachtet der Erhaltung der Gase der frühen Generation in einem gegebenen Bereich noch keine lokalen Strukturen oder Auskeilungszonen vorhanden waren, so erfolgt natürlich die Akkumulation dieses Gases nicht, und die später gebildeten Fallen werden lediglich mit Erdöl gefüllt.

Man kann sich verschiedene Varianten solcher Wechselbeziehungen vorstellen, die größte Bedeutung für die Bildung der Erdgas- und Erdölakkumulationszonen in konkreten Regionen haben und sorgfältig zu berücksichtigen sind. Das Verhältnis der Generationszeit des Gases und Erdöls und der Bildungszeit der lokalen Strukturen in bestimmten Schichtenfolgen nimmt Einfluß auch auf die Verteilung der Gas- und Erdölakkumulationszonen innerhalb der Becken. Wenn zum Beispiel in der Entstehungszeit der Hauptzone der Gasbildung in den zentralen Beckenbereichen keine geräumigen Strukturfallen vorhanden waren, so konzentriert sich das Gas in den tektonisch aktiveren Randzonen, wo Antiklinalen oder tektonisch abgeschirmte Fallen vollkommen entwickelt sein können. Das später vorgedrungene Erdöl kann die tiefabgesenkten Fallen einnehmen, die sich zu dieser Zeit gebildet haben. Ein analoges Verhältnis zwischen den Akkumulationszonen bildet sich bei der Migration des Gases in wassergelöstem, des Erdöls in freiem Zustand. Das Ergebnis sind im Zentralteil einer Depression und an den Hängen von Erhebungen Erdölakkumulationszonen, auf den Scheitelhebungen bildet sich eine Erdgasakkumulationszone (Stawropol, Zentral-Kara-Kum-Aufwölbung).

Zur Gruppe der „regionalen Ursachen" gehören auch die Faktoren, die die Akkumulation von Gasen der frühen Generation bedingen, welche nicht mit der allgemeinen Ursache (starke Dispersion der Gase), sondern mit den sehr verschiedenartigen geologischen Verhältnissen in den unterschiedlichen Bezirken zusammenhängen.

In jedem Bereich durchläuft eine bestimmte Gasmutterfolge mit verschiedener Geschwindigkeit die obere Zone der Generation, in einzelnen Bereichen haben sich in dieser Periode sichere Deckschichten akkumuliert, die eine Dispersion der Gase in andere durchlässige Horizonte verhindern. Dieser Faktor hat ebenfalls in jeder Region eine originelle Situation für die Bildung nicht nur einer Gas-, sondern auch einer Erdölakkumulationszone geschaffen, da die Bildung dieser Zonen in den Bereichen mit gemischter organischer Substanz in den Erdöl- und Gasmuttergesteinsfolgen miteinander verbunden ist, der Bildungsprozeß der Erdöl- und Gaslager selbst ist einheitlich. Es gibt noch anderen Faktoren, tektonische, lithologische, hydrogeologische, die jeder Region spezifische Züge verleihen und die Bildungsbedingungen der Gas- und Erdölakkumulationszonen wiedergeben.

Auf diese Weise gelingt es, auf der Grundlage der Komplexanalyse ein allgemeines Schema der getrennten Bildung der Erdgas- und Erdölakkumulationszonen in der Sedimenthülle zu schaffen, in welchem es „genetische" und „regionale Ursachen" gibt. In diesem Schema ist die Unähnlichkeit der Bildungsbedingungen der Erdgas- und Erdölakkumulationszonen anhand aller Parameter — der Besonderheiten der Generation, Migration und Akkumulation — deutlich zu verfolgen, was auch ihre getrennte Verteilung in der Erdkruste vollkommen natürlich und zutiefst gesetzmäßig macht.

Zusammenfassung

Verf. behandeln unter verschiedenen Gesichtspunkten das Problem der getrennten Bildung von Erdöl- und Erdgaslagerstätten sowohl in globaler Sicht als auch hinsichtlich der Genese spezieller Kohlenwasserstoffprovinzen und -becken. Sie kommen zur Formulierung von Gesetzmäßigkeiten, die die Grundlage für Kohlenwasserstoffprognosen bilden und für die Planung des Erdöl- und Erdgaszuwachses von außerordentlichem Nutzen sein werden.

Резюме

Автор обсуждает проблему разделного образования нефтяных и газовых месторождений с разных точек зрения как в мировом виде так и в виде генезиса специальных провинций и впадин углеводородов. Они составляют закономерности, являющиеся основой прогноза углеводородов и имеющиеся чрезвычайную пользу для планирования прироста нефти и газа.

Summary

The problem of separate formation of oil and gas deposits is discussed under various aspects from both a global point of view and with respect to the genesis of special hydrocarbon provinces and basins. Regularities are formulated and are the basis of prognosticating hydrocarbon. They will be of extraordinary advantage to planning the incrqment of oil and gas.

Literatur

AKRAMCHODSHAJEW, A. M.: Die organische Substanz — Hauptquelle für Erdöl und Erdgas. — Iswest. AN Usb. SSR, Taschkent 1973.

ALEKSEJEW, F. A.; GOTTICH, R. N.; LEBEDJEW, W. S.: Die Nutzung der Kernmethoden in der Erdöl- und Erdgasgeologie. — Verlag „Nedra", Moskau 1973.

ANDREJEW, P. F.; BOGOMOLOW, A. I.; DOBRJANSKI, A. F.; KARZEW, A. A.: Die Umwandlung von Erdöl in der Natur. — Gostoptechisdat., 416 S., Leningrad 1957.

ASCHIROW, K. B.: Die geologische Situation der Bildung der Erdöl- und Erdgaslagerstätten des Nördlichen Wolgagebietes. — Abh. Giprowostokneftj, Ausgabe 8, Moskau 1965.

ASCHIROW, K. B.; GROMOWITSCH, W. G.; KOLOGREJEWA, I. A.: Über die Möglichkeit der Klärung des Bildungsmechanismus der Erdöllagerstätten des Nördlichen Wolgagebiets nach einem Schema mit weiter Fadenmigration und differenzierter Fallenbildung der Kohlenwasserstoffe durch Fallen. — Verlag „Nedra", 3–20 (Abh. Giprowostokneftj, Ausgabe XVII), Moskau 1973.

BAKIROW, A. A.; WARENZOW, M. I.; BAKIROW, E. A.: Die erdöl- und gasführenden Provinzen und Gebiete des Auslands. — Verlag „Nedra", 544 S., Moskau 1971.

BURSCHTAR, A. A.: Grundlagen der Theorie der Bildung der Erdöl- und Erdgaslager. — Verlag „Nedra", Moskau 1973.

CHABBERT, M. K.: Die hydrodynamischen Bildungsbedingungen der Erdöllagerstätten (Per. Nr. 43/58), M., Verlag Staatl. Inst. techn. Inform., 94 S., Moskau 1958.

CHAIN, W. E.: Allgemeine Geotektonik. — Verlag „Nedra", 511 S. m. Ill., Moskau 1973.

DIKENSCHTEJN, G. CH.; GLUSCHKO, W. W.; SOLOWJOW, B. A.; TSCHERNYSCHEW, S. M.; BOROWIKOW, W. N.; TARCHANOW, M. I.: Die Erdöl- und Gaslagerstätten der Nordwesteuropäischen erdöl- und gasführenden Provinz. — Verlag „Nedra", 200 S., Moskau 1975.

FEDOROW, S. F.: Grundzüge der Entwicklung des Problems der Bildung von Erdöl- und Gaslagern in 50 Jahren Sowjetmacht. In: Lithologisch-tektonische und thermodynamische Gesetzmäßigkeiten der Verteilung von Erdöl- und Gaslagern. — Verlag Inst. Geol. u. Abbau Brennstof., Moskau 1971.

— Die stufenweise Migration von Erdöl und Gas. — Sow. Geol., 7, Moskau 1962.

GUSSOW, W. K.: Grundsituation der differenzierten Fallenbildung von Erdöl und Gas. — Amer. Assoc. Petr. Geol. Bull., 38, 5, 816, Tulsa 1954.

KONTOROWITSCH, A. E.; DANILOWA, W. P.: Die Erdöl- und Gasbildung in den kohleführenden Sedimentfolgen. — Abh. SNIIGGIMS, Ausgabe 167, „Neue Daten zur Geologie und Erdöl- und Gasführung der Sibirischen Tafel", 73–81 (1973).

KOSLOW, A. L.: Die Bildung und Verteilung der Erdöl- und Gaslager. — Moskau 1959.

KRYLOW, N. A.: Allgemeine Besonderheiten der Tektonik und Erdöl- und Gasführung der jungen Tafeln. — Verlag „Nauka", 156 S., Leningrad 1971.

LANDES, K.: Eometamorphism oil and gas in time and space. – Ann. Arbor Michigan, 51, 6, 94–100 (1967).
LINDTROP, N. T.; ANFILATOW, E. A.; DMITRIJEWA, E. A.; SCHWARZMAN, A. O.: Die geologischen Gesetzmäßigkeiten der Verbreitung der großen Erdöllagerstätten im Ausland. – Verlag „Nedra", 151 S. m. Ill., Moskau 1970.
MAKSIMOW, S. P.: Zur Frage der Bildung von Erdöllagern in den karbonischen und devonischen Ablagerungen von Samara Luka. – Neft. Chos., 10, 40–47, Moskau 1954.
– Gesetzmäßigkeiten der Verteilung und Bildunsgbedingungen der Erdöl- und Gaslager. – Verlag „Nedra", 486 S., Moskau 1964.
– Über die Unhaltbarkeit der Kritik an der Theorie der differenzierten Fallenbildung. In: Einfluß der Prozesse der Lithogenese auf die Bildung und Produktivität der Erdöl-Erdgasmuttersedimente. – Verlag WNIGRNI, Ausgabe 158, 174–184, Moskau 1974.
MAKSIMOW, S. P.; BOTNEWA, T. A.; PANKINA, R. G.: Prognostizierung der Perspektiven der Erdöl- und Gasführung von der Position der Zyklizität der Prozesse der Erdöl- und Gasbildung. In: Ressourcen und Hauptrichtungen der Such- und Erkundungsarbeiten auf Erdöl und Gas. – Abh. WNIGNI, Ausgabe 154, 22–33, Moskau 1974.
MAKSIMOW, S. P.; TSCHACHMACHSCHEW, W. A.; BOLSCHAKOW, JU. L.: Geochemische Aspekte des Prinzips der differenzierten Fallenbildung von Erdöl und Gas und die Gaskondensatlagerstätten. – Geol. Nefti i Gasa, 3, 37–46, Moskau 1976.
MAKSIMOW, S. P.; JEREMENKO, N. A.; BOTNEWA, T. A.; PANKINA, R. G.: Die Zyklizität der Prozesse der Erdöl- und Gasbildung, die erdöl- und gasführenden Provinzen, Becken und Gebiete. – Geol. Nefti i Gasa, 2, 30–43, Moskau 1976.
MODELEWSKI, M. SCH.; PARNOW, E. I.; POLSTER, A. A.: Die getrennte Prognostizierung der Erdöl- und Gasführung. – Geol. Nefti i Gasa, 10, Moskau 1969.
NERUTSCHEW, S. G.; ROGOSINA, E. A.; KAPTSCHENKO, L. I.: Die Hauptphase der Gasbildung – eine der Etappen der katagenetischen Evolution der dispersen sapropelitischen Substanz. – Geol. Nefti i Gasa, 10, Moskau 1973.
NESTEROW, I. I.: Kriterien der Prognosen der Erdöl- und Gasführung. – Verlag „Nedra", 335 S., Moskau 1969.
RODIONOWA, K. F.; MAKSIMOW, S. P.: Kriterien zur Diagnostik der Erdöl-Erdgasmuttergesteine. – Sow. Geol., 11, Moskau 1970.
SAWTSCHENKO, W. P.: Fragen der Bildung der Erdöl- und Gaslager. – Neft. Chos., 5, Moskau 1952.
– Methodik der gerichteten Sucharbeiten auf Gaslagerstätten. – Verlag WNIIPG, Ausgabe 42/50, 287 S., Moskau 1968.
SHABREW, D. W.; KLARSKAJA, E. S.: Der Einfluß der thermodynamischen Verhältnisse im Erdinnern auf die Umwandlung der dispersen organischen Substanz in den Sedimentgesteinen. – Geol. Nefti i Gasa, 8, Moskau 1966.
SHABREW, I. P.; JERMAKOW, W. I.; OREL, W. E.; SOKOLOW, W. L.; TSCHAIKOWSKAJA, R. W.: Die Genese des Gases und die Prognose der Erdgasführung. – Geol. Nefti i Gasa, 9, 1–8, Moskau 1974.
SORKIN, L. M.; STADNIK, E. W.: Besonderheiten der Gassättigung der Schichtwässer der erdöl- und gasführenden Becken in Verbindung mit der Genese der Kohlenwasserstoffe und der Bildung ihrer Lager. – Iswest. WUS, Geol. i Rasw. 6, 85–98, Moskau 1975.
SOKOLOW, W. A.: Bildungsprozesse und Migrationsprozesse von Erdöl und Gas. – Verlag „Nedra", 276 S., Moskau 1965.
STROGANOW, W. P.: Über die Hauptphasen der Generation der gasförmigen und flüssigen Kohlenwasserstoffe und die Bildungsbedingungen der Erdöl- und Gasakkumulationszonen. – Sow. Geol., 9, Moskau 1973.
– Besonderheiten der Bildung von Gaslagern auf dem Territorium des Plattformteils im Westen Mittelasiens. – Geol. Nefti i Gasa, 3, 57–62 m. Ill., Moskau 1974.
– Über die Besonderheiten der Generation von Gas nach Daten und der Gassättigung der Schichtwässer. – Erdöl-Erdgasgeologie und Geophysik, 7 (1975).
– Die Bildungsbedingungen der Erdöllager in den jurassischen Ablagerungen und Unterkreideablagerungen auf dem Territorium des Plattformteils im Westen Mittelasiens. – Geol. Nefti i Gasa, 4, 20–26 m. Ill., Moskau 1976.
WASSOJEWITSCH, N. B.: Theorie der Sedimentär-Migrations-Entstehung des Erdöls. – „Iswest. AN SSSR", 11, 135–156, Moskau 1967.
WEBER, W. W.: Die erdölführenden Schichtenfolgen und ihre rezente Analogie. – Abh. WNIGNI, Verlag „Nedra", Ausgabe 128, Moskau 1973.
WEBER, W. W.; MAKSIMOW, S. P.: Das diagenetische Stadium der Bildung der Kohlenwasserstoffgase und ihre genetischen Unterschiede von der organischen Ausgangssubstanz. – WNIIgasprom, Refer. St., Ausgabe 2, 3–14, Moskau 1975.

Die Evolution der Gasbildung bei der Inkohlung nach experimentell ermittelten Daten

SOKOLOW, W. L.; SIMONENKO, W. F., Moskau

Eine der wichtigsten Quellen der Gasakkumulation im Erdinnern ist bekanntlich die Inkohlung. Die wahrscheinlichen Maßstäbe der Gasbildung im vollen Inkohlungszyklus wurden auf der Grundlage von Bilanzberechnungen und experimentellen Daten von MOTT (1943), PATTEISKY (1950), USPENSKI (1954), JUNGTEN & KARWEIL (1966) und LIDIN (1968) eingeschätzt. Diese Autoren erhielten einander ähnliche Charakteristiken des Umfangs der Gasbildung bei der Inkohlung. Sie konnten aber nicht die erforderliche Vorstellung für die Evolution der quantitativen Zusammensetzung der Gase erarbeiten, deren Bildung in den verschiedenen Etappen und Stadien dieses Prozesses liegt. Dabei ist gerade die Evolution der qualitativen und quantitativen Kennziffern der Gasbildung bei der Inkohlung für die sichere Prognose der Gasführung bestimmter Regionen und sedimentärer Formationen erforderlich.
Bei der Bearbeitung dieses Problems werden ab 1972 im Wissenschaftlichen Unionsforschungsinstitut für Industrie- und für Erdgase experimentelle Untersuchungen mit physikalischer Modellierung der Gasbildungsbedingungen bei der Inkohlung in jeder der aufeinanderfolgenden Etappen und Stadien durchgeführt. Auf dieser Grundlage wird ein allgemeines Modell der Gasbildung im vollen Inkohlungszyklus aufgebaut.

Ein logisches System spezieller (stadienweiser) Modelle wird gewährleistet durch die Wahl einer repräsentativen Reihe von Kohlen, die ihrer Zusammensetzung nach hinreichend homogen sind, durch die Wahl relativ „weicher" und gleichzeitig effektiver Bedingungen des Experiments sowie durch zuverlässige analytische Bestimmungen der Hauptparameter der zu untersuchenden Erscheinungen.

Die Prozesse der Umwandlung der inkohlten organischen Substanz und der Gasbildung wurden durch die thermobarische Einwirkung bei verschiedenen Temperaturregimes von 100 bis 300 °C simuliert. Außerdem gewährleisteten die Konstruktion des Geräts und die Lage der Probe eine ständige freie Abfuhr der neugebildeten Produkte aus dem Reaktionsvolumen, was im allgemeinen auch den natürlichen Verhältnissen des Modellierungsobjekts entspricht.

Die experimentellen Arbeiten wurden in einer bereits von SIMONENKO & SOKOLOW (1972) beschriebenen Anlage durchgeführt. Ihr Hauptelement ist eine zylindrische Hochdruckarbeitskammer mit Poinçon. Der Poinçon nimmt den statischen Druck von der Preßluft- oder Hydropresse auf und gibt ihn weiter auf die Probe, indem er damit die natürlichen geostatischen Belastungen reproduziert. Die Kammer unterscheidet sich von den früheren Modellen durch Abmessungen und Elemente, die eine Reproduktion des vorgegebenen hydrostatischen Drucks im Porenraum der Probe, eine zuverlässige Thermostatierung und Registrierung der Temperatur in der Kammer, die Entnahme von Gas- und Flüssigkeitsproben und bei Bedarf ihre Zirkulation durch die Kammer während des Experiments gestatten.

Die Versuche erfolgen mit Durchschnittsproben, die aus der vorher bis auf die Fraktion von 1 bis 2 mm zerkleinerten Kohlenmasse mit einem Gesamtgewicht von 10 bis 15 kg entnommen worden waren. 0,5 bis 0,6 kg der zerkleinerten Kohle werden mit gereinigtem Quarzsand gemischt. Die auf diese Weise vorbereitete Probe gelangt in die hermetisierte Kammer der Experimentieranlage. In diesem Zustand wird sie durch Vakuumtrocknung (bis auf $1 \cdot 10^{-2}$ Hg) unter Erwärmung auf 50 °C desorbiert. Nach den Angaben von ETTINGER (1966) garantiert ein solches Regime eine hinreichend vollständige Desorption der Kohlen. In jedem Fall gilt der Prozeß der Desorption als abgeschlossen, wenn das Vakuum im System

Eingang des Manuskripts in der Redaktion: 8. 3. 1977.
Übers.: W. OESTREICH, Berlin.

Tab. 1. Charakteristik der Kohleproben vor und nach den Versuchen

Probe (vor und nach dem Versuch)	Versuchsbedingungen			R^a max., %	V^a Gew.-%	Elementarzusammensetzung			Humin-säuren aus-bringen %	Bitumen-ausbringen pro org. Masse %	Ausbringen der Kohlenwasserstofffraktion	
	P kg/cm	t °C	t Std.			C^a	H^a	O + S + N (nach der Differenz)			pro Bitumen %	In % zum Kohlenwasserstoffausbringen in der Ausgangskohle
B_1 Kumertau	—	—	—	—	—	70,87	6,91	22,22	46,9	16,60	0,91	202
Nach dem Versuch	1000	250	216	—	—	76,63	7,39	15,98	9,5	7,30	2,76	
B_1 Aleksandrijski (Werbosolowski-Schacht)	—	—	—	—	64,45	69,69	6,34	23,97	—	3,93	1,06	0,04
Nach dem Versuch	1000	200	666	7,8 (G)		70,53	6,70	22,77	—	3,10	6,80	541
B_2 Bogoslowski	—	—	—	—	44,90	69,00	4,70	24,86	46,5	0,53	6,68	130
Nach dem Versuch	1000	250	834	7,8–8,2 (G)	35,60	69,81	5,67	24,52	14,5	0,04	15,30	
L Trudowskij-Schacht	—	—	—	7,1 (L)	40,60	75,60	5,30	18,58	6,2	1,40	24,30	11,5
Nach dem Versuch	500	250	816	—	38,98	72,70	4,74	22,56	2,7	0,49	27,10	
G Schacht „Tscheljuskinzy“	—	—	—	7,8 (G)	34,90	81,30	5,30	13,69	0,3	0,84	18,20	0,15
Nach dem Versuch	1000	250	836	8,5 (F)	29,45	80,47	5,32	14,21	—	0,38	18,70	2,7
F Schacht „Artjom“	—	—	—	—	35,50	85,80	5,60	8,12	nein	2,02		
Nach dem Versuch	300	250	767	8,8 (F)	25,13	87,40	5,37	7,23	—	2,16	18,40	31,0
K Schacht Nr. 11	—	—	—	9,2 (K)	22,00	89,80	4,80	3,58	nein	0,18	5,19	0,009
Nach dem Versuch	1000	250	788	10,5 (GS)	21,06	90,02	5,13	4,58	nein	0,17	7,56	45,8
GS Schacht „Cholodnaja Balka“				10,8 (GS)	17,30	89,10	4,60	9,93		0,24	17,26	0,04
Nach dem Versuch				10,3 (GS)								
M Schacht Nr. 6 „Krasnaja Swesda“				10,7 (GS?)	13,50	91,50	4,30	4,97		0,042	[1]	
Nach dem Versuch				11,0 (M)								
HA Schacht Nr. 2 „Tschapajew“				12,2	6,00	93,90	3,20	3,92		0,01	[1]	
Nach dem Versuch				15,1 (A_1)								
A Schacht „Lutugin“				15,2	4,20	94,50	2,00	2,85		0,0024	[1]	
Nach dem Versuch				16,9 (A_1)								

[1] %-Gehalt wegen des geringen Bitumenausbringens nicht bestimmt.

mehrere Stunden konstant bleibt. Der evakuierte Raum wird mit entgastem Destillat oder Helium gefüllt, die Temperatur in der Kammer im Verlauf des Versuchs von 100 bis 300 °C nicht allmählich verändert, sondern jedes Mal um 50 °C. Die Probe wurde bei jedem Temperaturregime bis zur Beendigung der Gasabgabe gehalten, praktisch drei Tage lang (bei einer Temperatur von 300 °C, manchmal bis zu fünf Tagen). Die Gesamtdauer eines Versuchs betrug daher 15 bis 18 Tage.
Der Einfluß des über den Poinçon erreichten statischen Drucks auf den Prozeß wurde in einem großen Werteintervall von 10 bis 20 kg/cm² bis 2000 kg/cm² untersucht. Optimale Resultate traten bei Drücken von 300 bis 1000 kg/cm² ein.
Die während des Versuchs gebildeten Gase wurden bei jedem Temperaturregime abgenommen. Wasser und flüssige Kohlenwasserstoffe wurden nicht aufgefangen, aber auf der Oberfläche des Wassers im Gasometer war in vielen Fällen ein irisierender Film zu beobachten.
In den Ausgangsproben und in den Proben nach den Versuchen werden nach den entsprechenden staatlichen Standards (GOST) und den allgemein üblichen Methoden bestimmt: Aschegehalt, Feuchtigkeit, Elementarzusammensetzung, Ausbringen an Volatilen, Huminsäuren, Chloroformextrakt sowie der Kohlenwasserstofffraktion des letzteren, Reflexionsvermögen anhand des Vitrinits und der Reduktionsgrad der Kohlen.
In der Kohlenwasserstofffraktion bestimmt man die normalen Paraffine und Isoprenoide, in der Zusammensetzung der neugebildeten Gasphase Methan und seine Homologe bis einschließlich Hexan, Kohlenstoffoxid und -dioxid, Wasserstoff und Stickstoff.
Für die experimentellen Arbeiten wurde eine Kollektion hinreichend homogener Clarit-Steinkohlen aller Stadien der Inkohlung vom langflammigen bis einschließlich des beginnenden Anthrazitstadiums zusammengestellt. Das Material stammte aus verschiedenen Gruben des Donezbeckens.
Die Braunkohlen sind in dieser Kollektion durch erdige Varietäten (Aleksandrijsker Lagerstätte des Dnepr-Bekkens) und durch matte Varietäten (Lagerstätte Bogoslowskoje im Nordural) vertreten. Experimentell untersucht wurden bisher nicht die Glanzbraunkohlen (Stadium B_3 der Inkohlung) und die Anthrazite hoher Grade der Katagenese.
Die Charakteristiken der Kohlen vor und nach den Experimenten wurden in zwei Instituten untersucht. Sie sind in Tab. 1 aufgeführt. Aus den noch unvollständigen Daten resultiert, daß unter den Bedingungen des Experiments die Braunkohlen in Gaskohlen übergingen, die Kohlen der Stadien G, F, K, HA erreichten die jeweils folgenden Stadien: am wenigsten veränderten sich die Kohlen der Stadien GS (gemagerte Sinterkohle) und M (Magerkohle), die ihren Katagenesegrad beibehielten.
Unter den experimentellen Bedingungen beginnt die Gasabscheidung in der Regel bereits bei einer Temperatur von 100 °C (Abb. 1). In den folgenden Temperaturbereichen nimmt die Gasabscheidung in den Versuchen mit Kohlen niedriger Inkohlungsstadien (B, L, G) konsequent zu, bei einer Temperatur von 300 °C wächst sie auf das 3 bis 4fache im Vergleich zum vorhergehenden Regime und erreicht dementsprechend 26 — 10 — 5 Liter pro 1 kg Brennstoffmasse (für die Summe der Regimes dementsprechend 70 — 25 — 10 l). In den Versuchen mit Kohlen mittlerer Inkohlungsstadien (F, K, GS, M) werden die maximalen Gasvolumina (1 bis 2 l) vorwiegend während

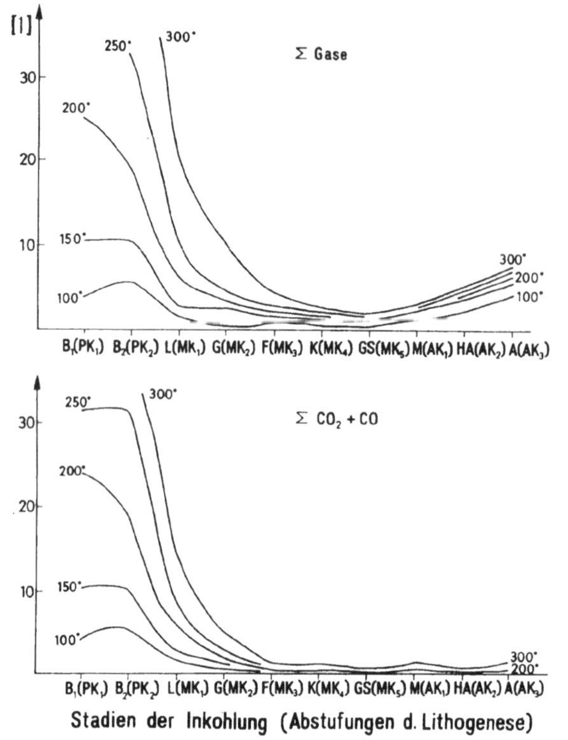

Abb. 1. Dynamik der Abgabe der Gase in Versuchen mit Humuskohlen der fortschreitenden Inkohlungsreihe bei verschiedenen Temperaturregimes (in Litern pro 1 kg brennbarer Masse)

des ersten Temperaturintervalls abgegeben, die minimalen bei einer Temperatur von 150 bis 200 °C (0,1 bis 0,5 l). In den folgenden Temperaturbereichen wachsen sie erneut bis auf 1 l an. In den Versuchen mit Halbanthraziten und Anthraziten tritt in der Regel ein gewisser Rückgang des Gasausbringens bei Zunahme der Temperatur ein.
Daher hat nur in den Versuchen mit Kohlen geringer Inkohlungsstadien (B, L und G) die Erhöhung der Temperatur bis auf 300 °C sehr merklichen Einfluß auf den Prozeß der Gasbildung. Die größten Gasvolumina werden in den Versuchen mit Kohlen der Stadien B_1, B_2 und L (70 bis 20 l) abgegeben, weniger in den Versuchen mit den Kohlen der Stadien HA und A (bis 7,6 l) und minimale Volumina mit den Kohlen der Stadien GS und M (2 bis 3 l).
Die Volumina und die Konzentrationen der verschiedenen Komponenten der Gasphase entwickeln sich merklich in den Versuchen mit Kohlen der fortschreitenden Inkohlungsreihe, in wesentlich geringerem Grad in der fortschreitenden Reihe der thermischen Regimes.

Kohlenstoffdioxid und Kohlenstoffmonoxid

Die größten CO_2-Mengen (bis 60 l) werden bei einem Gehalt bis zu 85 bis 95% in der Gasphase in den Versuchen mit Kohlen der frühen Inkohlungsstadien (B_1, B_2 und L) abgegeben (Abb. 1). In den Versuchen mit Kohlen höherer Inkohlungsstadien gehen die CO_2-Entwicklung und der Gehalt in der Gasphase wesentlich zurück und erreichen minimale Werte in Versuchen mit Kohlen der Stadien K und HA (0,2 bis 0,4 l bzw. 7 bis 8%). Eine gewisse Erhöhung des Ausbringens und der Konzentration des CO_2 ist in den Versuchen mit den Kohlen der Stadien M und A zu verzeichnen (1 bis 1,5 l und 20 bis 25%). Der Gehalt an Kohlenstoffmonoxid ist gering. Er ist nicht größer als Bruchteile von einem Prozent oder wenige Prozente und beschränkt sich maximal auf die Gasphase aus den Kohlen G und K.

In allen Fällen liegen maximale CO_2-Konzentrationen in Gasen vor, die bei Temperaturen von 100 bis 200 °C erhalten wurden.

Kohlenwasserstoffgase

Das Gesamtausbringen der Kohlenwasserstoffgase wächst in isothermischen Regimes bis einschließlich 250 °C in einer Reihe von Versuchen mit der Normalreihe der Kohlen hinreichend fortschreitend und erreicht maximale Werte in Versuchen mit Kohlen des Stadiums K (bis 1,9 l). Nach einem scharfen Abfall in den Versuchen mit Kohlen der Stadien GS und M steigt es in Versuchen mit Halbanthraziten und Anthraziten (bis 5 l) an. Beim Regime von 300 °C erscheinen große Volumina an Kohlenwasserstoffgas in den Versuchen mit Kohlen der frühen Inkohlungsstadien B, L und G (fast 4 bis 5 l, Abb. 2).

Die anteilmäßige Beteiligung der Kohlenwasserstoffgase an der Gesamtsumme der Gase, die während aller Bereiche abgegeben wurden, wächst im allgemeinen von den Braunkohlen (5 bis 7%) zu den Steinkohlen (30 bis 60 °C) und

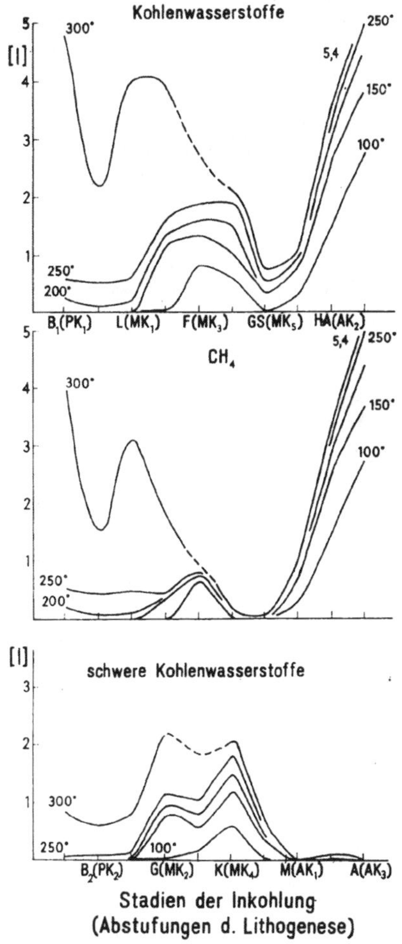

Abb. 2. Dynamik der Abgabe der Kohlenwasserstoffgase in Versuchen mit Humuskohlen der fortschreitenden Inkohlungsreihe bei verschiedenen Temperaturregimes (in Litern pro 1 kg brennbare Masse)

Die Bezeichnungen an der Abszisse in der oberen und unteren Grafik gelten für alle drei in gleichem Maße

erreicht maximale Werte von 70 bis 80% inden Versuchen mit Halbanthraziten und Anthraziten. Bei Regimes bis einschließlich 250 °C überschreitet ihre Konzentration in den Gasen der Braunkohlen nicht 1,5 bis 2%, in den Gasen der langflammigen Kohlen nicht 5 bis 6%.

Der prozentuale Anteil der Kohlenwasserstoffgase verändert sich bei der Erhöhung der Temperatur folgendermaßen. In der Gasphase aus Kohlen der niedrigen Inkohlungsstadien (B_1, B_2 und L) nimmt er kontinuierlich zu, von Bruchteilen eines Prozents bei 100 bis 150 °C bis auf 12 bis 60% bei 300 °C. In der Gasphase aus Kohlen der höheren Inkohlungsstadien ist in der Regel eine Abnahme ihrer Konzentration sowohl im ersten als auch im letzten Temperaturbereich zu verzeichnen. In den Zwischenregimes sind stabile und höhere Konzentrationen zu beobachten.

Die Zusammensetzung der experimentell erhaltenen Kohlenwasserstoffgase entwickelt sich in der Reihe der Kohlen von B bis K derart, daß der Anteil des Methans allmählich zurückgeht, die Anteile seiner Homologe entsprechend zunehmen und maximale Werte von 95 bis 99% in den Kohlen F, K und GS erreichen. Hierbei wird der größte Ertrag der Methanhomologe (2 l auf 1 kg Brennmasse) in den Versuchen mit Kohlen der Stadien G, F und K erreicht (Abb. 2). Die Kohlenwasserstoffgase aus den Kohlen M, HA und A sind praktisch allein durch Methan vertreten (97 bis 99,5%).

Maximale Volumina an Methan (5 l), ebenso wie der Summe der Kohlenwasserstoffgase wurden in Versuchen mit Anthraziten erhalten, aber auch mit Braunkohlen bei 300 °C. Die geringsten Methanvolumina entstanden bei Versuchen mit den Kohlen K und GS (weniger als 1 l; Abb. 2).

In der Zusammensetzung der gasförmigen Homologe des Methans wurden Äthan, Propan, Butan, Pentan und Hexan — normale und isomere — bestimmt. Die Anwesenheit von nicht begrenzten Kohlenwasserstoffgasen ist in den Gasen aus den Kohlen G, F, K und GS in Bruchteilen von Prozent festzustellen. In allen Fällen herrschen Äthan und Butan vor, deren Gesamtanteil 60% erreicht. Der Gehalt an Hexan überschreitet bisweilen 5%. Zu vermerken ist eine gewisse Neuverteilung der Konzentrationen der Methanhomologe; bei Temperaturerhöhung nehmen die Gehalte an Butan, Pentan und Hexan zu.

Wasserstoff

Die anteilmäßige Beteiligung des Wasserstoffs in den abgegebenen Gasen ändert sich in weiten Grenzen — von einigen Prozenten (B_1, F, K, HA, A) bis zu 15 bis 20% (L, G, GS, M). Hierbei nehmen ihre Volumina nicht fortschreitend in der Reihe der Versuche von B nach K ab und erreichen die größten Werte in den Versuchen mit den Kohlen B_1 (2,2 l), L (1,7 l) und G (0,5 l). Fast in allen Fällen sind sie im ersten und im letzten thermischen Bereich maximal (Abb. 3).

Im Versuch mit einer der Donezkohlen, die nach dem Wert des Reflexionsvermögens der Endetappe des Stadiums G oder der Anfangsetappe von F entspricht, wurde eine Gasphase mit 40% Wasserstoff erhalten. Sie trat hauptsächlich während des ersten Regimes ein.

Stickstoff

Die anteilmäßige Beteiligung des Stickstoffs an der erhaltenen Gasphase ändert sich von einigen Prozent bis auf 15 bis 20%. Hierbei nehmen seine Volumina nicht

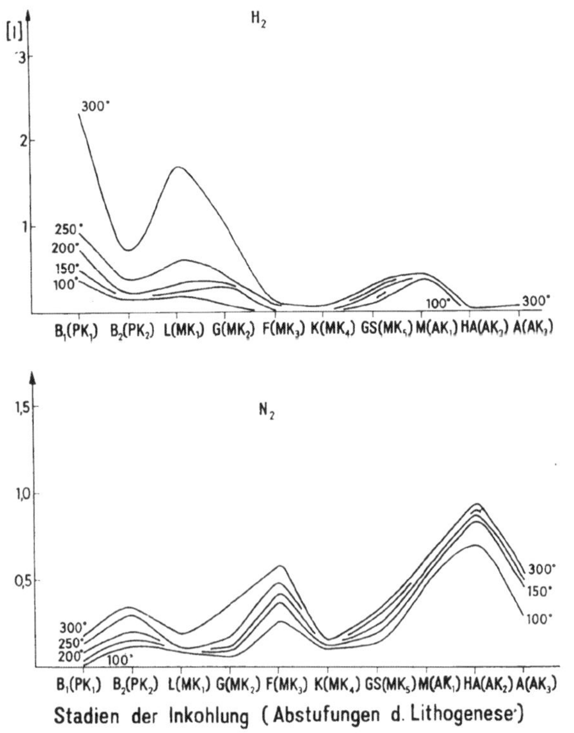

Abb. 3. Dynamik der Abgabe von Wasserstoff und Stickstoff in Versuchen mit Humuskohlen (in Litern pro 1 kg brennbarer Masse)

fortschreitend in der Reihe der Versuche zu und sie erreichen die höchsten Werte in den Versuchen mit den Kohlen der Stadien B_2, F und HA (Abb. 3). Man kann annehmen, daß im ersten Fall der Zerfall der freien Aminosäuren und z. T. der rezenten Mikroflora fixiert wird. Das zweite und dritte Aufflammen der Stickstoffabgabe (Kohlen der Stadien F und HA) begleiten die Inkohlungssprünge und charakterisieren die verschiedenen Stadien der Polykondensierung der organischen Substanz.

Tab. 2 bringt die wichtigsten Daten, die die unter den experimentellen Bedingungen erhaltenen Gase charakterisieren.

Die vorläufige hinreichend tiefe Desorption der bis auf 0,25 bis 1 mm gemahlenen Kohlenproben und die wesentlichen Veränderungen der Charakteristiken der Proben dieser Kohlen nach den Versuchen geben Grund zu der Annahme, daß die experimentell erhaltenen Gase neugebildet wurden. Zugleich wird angenommen, daß bei den Gasen, die aus Kohlen hoher Inkohlungsstadien im ersten Temperaturregime (100 °C) abgegeben wurden, noch gewisse Restmengen des sorbierten Gases beteiligt sind. Sie unterscheiden sich jedoch hinsichtlich ihrer Zusammensetzung wenig von den Gasen der folgenden Regimes und werden deshalb zu Recht als einem gegebenen Stadium oder dem Übergang zu ihm eigen betrachtet.

Die Zusammensetzung der Gase, die beim letzten Temperaturregime (300 °C) aus den Kohlen der Reihe F—A abgegeben werden, zeichnet sich aus durch einen gewissen Rückgang der Konzentration der Kohlenwasserstoffgase und die Zunahme des Ertrags an Wasserstoff, Kohlenstoffmonoxid und in einer Reihe von Fällen des Stickstoffs. Offensichtlich muß man diese Veränderungen als Merkmal der in Gang gekommenen pyrolytischen Zersetzung der organischen Substanz der Kohlen betrachten. Die gleiche Erscheinung kommt in den Versuchen mit den Kohlen niedriger Inkohlungsstadien (B—L) durch eine plötzliche — sprungartige — Zunahme des Ausbringens an Kohlenwasserstoffgasen während des letzten Temperaturregimes zum Ausdruck. Freilich erreichen in diesen Fällen die Kohlen B_1 und B_2 im Experiment das Stadium G der Inkohlung, und deshalb bezieht man zu Recht das Freiwerden der Hauptmenge der Gase in Versuchen mit diesen Kohlen auf den Übergang B—L—G.

Die erhaltenen experimentellen Daten zeigen, daß die Veränderung der Zusammensetzung der Gasphase und der Intensität ihrer Abgabe in den Versuchen mit Kohlen der fortschreitenden Inkohlungsreihe ungleichmäßig — sprunghaft verlaufen, aber zugleich in einer bestimmten gesetzmäßigen Konsequenz. Diese gesetzmäßige Konsequenz wird als realisiertes Modell der Evolution der Gasbildung bei der Inkohlung der Humuskohlen (Claritkohlen) betrachtet. In Übereinstimmung mit diesem Modell zerfällt der Prozeß der Gasbildung in der betrachteten Inkohlungsreihe deutlich in drei inhaltlich verschiedene Etappen oder Phasen (Abb. 4).

Die erste Etappe

oder Phase steht in Wechselbeziehung mit dem Spätbraunkohlenstadium und mit den Übergängen B—L—G. Sie zeichnet sich durch die intensivste Generierung von Gasen aus, in deren Zusammensetzungen mit Kohlenstoffdioxid dominiert. Die anteilige Beteiligung des Methans und seiner Homologe ist in dieser Etappe sehr gering, aber seine absoluten Mengen können erheblich sein, vor allem beim Übergang L—G, der im Versuch bei $t = 300\,°C$

Tab. 2. Hauptcharakteristiken der experimentell erhaltenen Gase (nach der Summe der thermischen Regimes)

		B_1	B_2	L	G	F	K	GS	M	HA	A
Kohlenwasserstoffgase	%	7	5	19	38	66	80	37	32	71	71
	ml	4800	2170	3900	3900	2800	2070	750	1000	3450	5400
CH_4	%	6,9	3,6	15	18	21	2	3	32	69	71
	ml	3950	1570	3050	1800	900	60	50	1000	3350	5400
Schwere Kohlenwasserstoffe	%	0,1	1,4	4	20	45	78	34	—	2	—
	ml	850	600	850	2100	1900	2010	700	—	100	—
Wasserstoff	%	3,3	1,5	8	9,5	2	3	18	14	—	2
	ml	2300	725	1700	1000	80	80	350	455	—	160
Stickstoff	%	0,5	1	1	3,5	16	6	17	19	19	6
	ml	325	340	200	370	660	160	350	600	950	440
$CO_2 + CO$	%	89,2	92,5	72	51	16	11	28	37	10	21
	ml	62000	42100	14700	5100	600	290	550	1000	450	1600

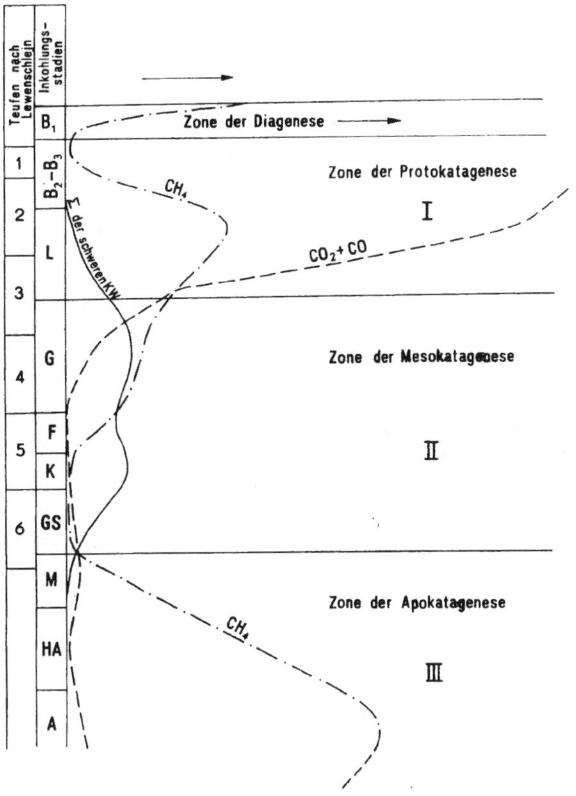

Abb. 4. Allgemeines Modell der Evolution der Gasbildung in der fortschreitenden Reihe der Humuskohlen (Claritkohlen) nach experimentellen Daten

Etappen oder Phasen der Gasbildung: I — Etappe der stärksten Gasbildung mit vorwiegender Generierung von Kohlendioxid (Hauptphase der Gasbildung); II — Etappe der gemeinsamen Generierung von Methan, fetten und flüssigen Kohlenwasserstoffen (Phase der Gas- und Erdölbildung); III — Etappe der vorwiegenden Methanbildung (Hauptphase der Methanbildung)

erreicht wird. Nach den allgemein üblichen Vorstellungen entwickeln sich in dieser Etappe aktiv die Prozesse der Dekarboxylierung und Dehydrogenisierung, der Demitoxylierung und Polykondensierung der zyklischen Strukturen. Diese Etappe muß man als Hauptphase der Gasbildung betrachten, wenn man die Maßstäbe der Gesamtgasbildung in dieser Inkohlungsetappe im Auge hat.

Die zweite Etappe

umfaßt das breite Intervall der Steinkohlenstadien der Inkohlung — vom Stadium G bis einschließlich GS. Ihre sie auszeichnende Besonderheit ist die aktive Generierung von Methanhomologen, die fortschreitende Herabsetzung der Methangenerierung, die in den Stadien K und GS praktisch aufhört. Eine derartige Zusammensetzung der Gasphase setzt die Anwesenheit eines erdölproduzierenden Potentials bei den Humuskohlen voraus, das auch hauptsächlich in den Stadien der Sinterkohlen (F, K und GS) realisiert wird. Man muß annehmen, daß sich dieses Potential mit der Zunahme des Leuptinitanteils in der Zusammensetzung der Kohle wesentlich erhöht und daß Kohlen mit vorwiegend Leuptinitbasis eine nicht zu unterschätzende Quelle der Erdölbildung in den mittleren Inkohlungsstadien sind.

Ebenso wie sich die Zusammensetzung der Gasphase in den verschiedenen Stadien der zu behandelnden Etappe schnell ändert, verläuft auch die Entwicklung des Inkohlungsprozesses äußerst ungleichmäßig, sprunghaft, über inhatllich verschiedene und (im geologischen Sinne) schnell wechselnde physikochemische Zustände und Reaktionen. GAWRILOWA (1962) gibt an, daß während dieser Inkohlungsetappe Prozesse der Depolymerisierung und Polykondensierung dominieren, begleitet von einer Zerstörung der Brückenbindungen, einer Reduzierung von Länge und Entfernungen der peripheren Gruppen und Ketten, der endgültigen Entfernung der Karboxyl- und Hydroxylgruppen. Die Entwicklung der Prozesse der Zerstörung der Brückenbindungen zerrüttet und lockert die Gesamtstruktur, was auch für die Sinterkohlen charakteristisch ist und, wie aus den experimentellen Daten hervorgeht, die Voraussetzungen für die Abgabe der Kohlenwasserstoffe schafft. Aus verschiedenen Merkmalen (erhebliche Schwankungen im Gehalt des Wasserstoffs, des Methans und seiner Homologe in der Gasphase aus verschiedenen Proben) entsteht der Eindruck, daß sich in der Reihe der Steinkohlen der Inkohlungsprozeß aus einem regelmäßigen Wechsel von Polykondensierungs- und Depolymerisierungsprozessen zusammensetzt, deren Intensität in der Reihe L—K fortschreitend zunimmt.

Die zweite Etappe der Gasbildung bei der Inkohlung der Humuskohlen muß ihrem Inhalt nach als Phase der Erdöl-Erdgas-Bildung betrachtet werden, im allgemeinen entspricht sie der seinerzeit von WASSOJEWITSCH u. a. (1969) ausgeschiedenen Hauptphase der Erdölbildung. Zugleich wurde die Realität der Erdölbildung bei der Katagenese der Kohlen experimentell demonstriert und die Stellung dieser Phase in der Skala der Katagenese konkretisiert.

Die dritte Etappe

der Gasbildung entspricht den Stadien der Magerkohlen, Halbanthrazite und Anfangsanthrazite, sie ist die Hauptphase der Methanbildung bei der Inkohlung. In dieser Etappe wächst die Intensität der Kondensierung der aromatischen Kernstrukturen mit Abreißen der erhalten gebliebenen Randgruppen, hauptsächlich der Methylgruppen.

Die dritte Etappe der Gasbildung wird in Gebieten tiefer Absenkung der sedimentären Schichtfolgen realisiert. Die tiefen Teile der Sedimentationsbecken müssen daher als Hauptquellen der Methanbildung betrachtet werden, und bei ihrer gebührenden Isolierung durch zuverlässige Abschirmungen — als Gebiete mächtiger Gasakkumulation (Methanakkumulation).

Der durchgeführte Zyklus experimenteller Untersuchungen des Prozesses der Gasbildung bei der Inkohlung der Humuskohlen erwies sich auf den gewählten technischen und methodischen Grundlagen als sehr effektiv. Die erreichten Ergebnisse widersprechen nicht der früher formulierten Stadienhaftigkeit der Gasbildung bei der Inkohlung (BAGRINZEWA u. a. 1968) und sie passen sich gut ein in die früher entwickelte theoretische Konzeption von der vertikalen Zonalität der Bildung von Erdöl und Erdgas (SOKOLOW 1948, WASSOJEWITSCH u. a. 1969, WYSSOZKI & OLENIN 1964, WYSSOZKI 1967 u. a.). Sie erweitern die wissenschaftliche Basis dieser Konzeption, bestätigen die Rechtmäßigkeit ihrer Ausdehnung auf die Gebiete der vorwiegenden oder ausschließlichen Verbreitung kohleführender Formationen und bilden eine neue Grundlage für Bilanzberechnungen der Gasbildung bei der Inkohlung.

Experimentelle Untersuchungen können erfolgreich für die Klärung der Prozesse der Evolution der Erdöl-Erdgas-

Bildung bei der Katagenese der sapropelitischen organischen Substanz und — bei der Lösung angewandter Aufgaben — für die Diagnostik der potentiellen Möglichkeiten bestimmter Schichtfolgen in konkreten Gebieten und dementsprechend für die Gas- und Ölführung verwendet werden. Besondere Bedeutung für die Prognose der Erdgasführung hat die sich im Experiment deutlich abzeichnende Hauptphase der Methanbildung, die mit den Endstadien der Inkohlung und der Lithogenese zusammenhängt und weite Perspektiven für das Aufsuchen von Gas in großen Teufen eröffnet.

Zusammenfassung

Humus-Clarit-Kohlen der normalen Inkohlungsreihe wurden in einer speziell dafür konstruierten Anlage einer langwährenden (bis 18 Tage) thermobarischen Einwirkung unterzogen ($t = 100$ bis 300 °C, $P = 300$ bis 2000 kg/cm²). Zusammensetzung und Intensität der Abgabe der hierbei neugebildeten Gase zeigten eine bestimmte Evolution in der untersuchten Kohlenreihe, die als realisiertes Gasbildungsmodell bei der Inkohlung betrachtet wird. Danach wird die Hauptmenge des Inkohlungsgases in den Frühstadien (B—L) abgegeben und besteht hauptsächlich aus Kohlendioxid (85—97%, Hauptphase der Gasbildung). Im mittleren Inkohlungsstadium (G—GS) nimmt die Konzentration der Kohlenwasserstoffgase zu (bis 80%), hauptsächlich auf Kosten der Homologe des Methans (Phase der Erdöl-Erdgas-Bildung). In den hohen Stadien der Inkohlung (HA und A) ist der Kohlenwasserstoffteil der Gasphase (71%) fast ausschließlich durch Methan vertreten (Hauptphase der Methanbildung).

Резюме

Гумусовые клареновые угли нормального ряда углефикации подвергались длительному (до 18 суток) термобарическому воздействию ($т = 100—300°$, $P = 300—2000$ кг/см²) на специально сконструированной установке. Состав и интенсивность выделения новообразованных при этом газов обнаружили определенную эволюцию в ряду испытанных углей, которая рассматривается в качестве осуществленной модели газообразования при углефикации. Согласно этой модели основная масса газа углефикации выделяется на ее ранных стадиях (В—Д) и состоит преимущественно из двуокиси углерода (85—97% главная фаза газообразования). На средних стадиях углефикации (Г—ОС) последовательно возрастает концентрация углеводородных газов (до 80%), главным образом за счет гомологов метана (фаза газонефтеобразования). На высших стадиях углефикации (ПА-и А) углеводородная часть газовой фазы (71%) представлена практически одним метаном (главная фаза метанообразования).

Summary

Humus-clarite coals of the normal series of coalification were subjected to a long-time (up to 18 d) thermobaric action ($t = 100°$ to 300 °C, $P = 300$ to 2,000 kg/cm²) in a plant particulary designed for this purpose. The composition and intensity of emission of the newly formed gases showed a definite development in the series of coals investigated, which is considered to be a model realized for the formation of gas during coalification. From it results that the main quantity of the coalification gas is emitted during the early stages, and that it mainly consists of CO_2 (85 to 97 per cent, main phase of gas formation). During the medium stages of coalification (G to GS) the concentration of hydrocarbon gases increases (up to 80 per cent), mainly at the expense of the homologues of methane (phase of oil and gas formation). In the late stages of coalification (HA and A) the portion of hydrocarbon of the gas phase (71 per cent) is almost exclusively represented by methane (main phase of methane formation).

Literatur

BAGRINZEWA, K. I.; WASSILJEW, W. G.; JERMAKOW, W. I.: Die Rolle der kohleführenden Schichtfolgen in den Prozessen der Erdgasgenerierung. — Geol. Nefti i Gasa, 6, 7—11, Moskau 1968.

ETTINGER, I. A.: Die Gaskapazität der fossilen Kohlen. — Verlag Nedra, Moskau 1966.

GAWRILOWA, O. L.: Physikalische und chemische Eigenschaften der fossilen Kohlen. — Tr. Labor. Geol. Uglja AN SSSR, vyp. 16, Moskau 1962.

JUNGTEN, H.; KARWEIL, I.: Erdöl u. Kohle, 19, 5, Hamburg 1966.

LIDIN, G. D.: Die Lehre von den Gasen der Kohlenlagerstätten der UdSSR. — Moskau 1968.

MOTT, R. A.: Fuel in Science and Practice., 22, 20/26, London 1943.

PATTEISKY, K.: Bergbau-Archiv. — 11/12, 5/24, Essen 1950.

SIMONENKO, W. F.; SOKOLOW, W. L.: Modellierung der natürlichen Prozesse der Gasbildung. — Neftegas. Geologija i Geofisika, 1, Moskau 1972.

SOKOLOW, W. A.: Umrisse der Erdölgenese. — Gostoptechisdat, Moskau 1948.

USPENSKI, W. A.: Versuch einer Materialbilanz der Prozesse, die bei der Metamorphose der Kohlenflöze vor sich gehen. — Iswest. AN SSSR, Ser. Geol., 6, Moskau 1954.

WASSOWJEWITSCH, N. B.; KORTSCHAGINA, JU. I.; LOPATIN, N. W.; TSCHERNYSCHEW, N. W.: Die Hauptphase der Erdölbildung. — West. Mosk. Univ., Ser. Geol., 6, 3—27, Moskau 1969.

WYSSOZKI, I. W.: Die vertikale Zonalität in der Bildung und Verteilung der Kohlenwasserstoffakkumulationen. In: Genesis Nefti i Gasa. — Verlag Nedra, Moskau 1967.

WYSSOZKI, I. W.; OLENTIN, W. B.: Die Tiefenzonalität in der Verteilung der Kohlenwasserstoffakkumulationen. — West. Mosk. Univ. 6, Moskau 1964.

Numerische Simulation der radialsymmetrischen Gasströmung an einer Bohrung

KRETZSCHMAR, H.-J., Freiberg; SEUME, T., Leipzig

1. Allgemeines

Druckänderungsmessungen an Bohrungen in unterirdischen Lagerstätten und Speichern liefern wichtige Informationen über den geologischen Speicheraufbau und das Strömungsregime in diesen Bohrungsbereichen. Die Auswertung solcher Messungen (Druckaufbau, Druckabfall, Interferenz, Produktivität) ist ein traditionelles reservoirmechanisches Arbeitsgebiet. Weil die Meßdaten infolge ihres komplexen Informationscharakters und ungleicher Meßbedingungen mehrdeutig sowie infolge technischer und organisatorischer Meßfehler ungenau sein können, werden ständig neue Auswerteverfahren entwickelt oder modifiziert. Die Verfahren fußten in den sechziger Jahren auf den Methoden der analytischen Mathematik. Sie mußten hauptsächlich aus Aufwandsgründen oft durch Computer abgearbeitet werden.

Die Fortschritte in der numerischen Speichersimulation führten auch zur Entwicklung numerischer Einzelsondenmodelle, wie sie beispielsweise die Publikationen von KAZEMI (1969), COATS u. a. (1971), SONIER u. a. (1971), DRANCHUK & FLORES (1975) und VOIGT (1975) dokumentieren. Diese Sondenmodelle stehen heute den einfachen Feldauswerteverfahren gleichberechtigt gegenüber; für theoretische Untersuchungen sind sie diesen überlegen. Jedoch läßt sich die gesetzte Grenze der Mehrdeutigkeit und der technischen Meßfehler auch nicht mit numerischen Methoden überwinden. Die erweiterten Anwendungsmöglichkeiten ergeben sich hauptsächlich durch ein realtreues Simulieren relativ beliebiger Meßbedingungen und organisatorischer Meßfehlereinflüsse. Ein „Nach- und Vorausspielen" verschiedener Speicher- und Strömungsvarianten, die durch

Eingang des Manuskripts in der Redaktion: 3. 3. 1977.

den Fachmann anschließend subjektiv bewertet werden, ermöglichen allerdings in vielen Fällen eine Einschränkung der Mehrdeutigkeit.

2. Grund- und Umkehrziel

Das hier vorgelegte Sondenmodell dient der Lösung des Grund- und Umkehrproblems einer radialsymmetrisch-vertikalen Gasströmung um eine Bohrung. Im Grundziel lassen sich bei vorgegebener heterogener, diskretisierter Speichereigenschaftsverteilung und verschiedenen fördertechnischen Komplettierungsvarianten das Leistungsverhalten und die Druckentwicklung der Sonde berechnen. Das Sondenmodell kann entweder als separate Methodik für selbständige Simulationen oder als ergänzende Zusatzuntersuchung für numerische Speichermodelle nach dem Lupenprinzip benutzt werden.
Im Umkehrziel werden anhand einer gemessenen Druck- und Volumendynamik die Speichereigenschaften Porosität und Permeabilität angepaßt. Das ist sowohl für eine Förder-/Injektionsetappe wie auch für eine Druckaufbauphase möglich. Weil die gemessene Information nur von einem Meßpunkt, der Sonde, stammt, ist es nur sinnvoll und so im Modell auch möglich, entweder innerhalb vorgegebener Schranken Mittelwerte für jede vertikal ausgegliederte Schicht oder bei vorgegebenen Startbedingungen die Parameterverteilung in einer Schicht anzupassen. Die so erhaltenen Speichereigenschaften können oft Komplexwerte des Speicherbaus und Strömungsregimes darstellen, so daß sie sich nicht stets mit den absoluten Gesteinseigenschaften vergleichen lassen.

3. Modellcharakteristik

Im Modell wird die zweidimensionale Strömung eines realen Gases auf Basis des DARCYschen Gesetzes in den Richtungen radial — r und vertikal — z betrachtet (Abb. 1).
Der Einfluß einer turbulenten Störmung in Sondennähe läßt sich nur über den Sondenleistungsfaktor b berücksichtigen. Prinzipiell, im Modell jedoch nicht enthalten, ist eine Erweiterung des DARCYschen Gesetzes durch die FORCHHEIMERsche Gleichung in Sondennähe möglich. Elastische Gesteinseigenschaften können durch druckabhängige Permeabilitäten und Porositäten erfaßt werden.

Grundgleichungen

Die Differentialgleichung

$$\frac{1}{r}\frac{\partial}{\partial r}\left(\frac{kp}{\mu Z}\, r\, \frac{\partial p}{\partial r}\right) + \frac{\partial}{\partial z}\left(\frac{kp}{\mu Z}\,\frac{\partial p}{\partial z}\right) = S_g \varnothing\, \frac{\partial(p/Z)}{\partial t} + \frac{\partial Gp}{\partial t}$$

wird auf bekannte Weise in die Differenzengleichung

$$\Delta_r F_r \Delta_r p + \Delta_z F_z \Delta_z p = V\Delta_t p/Z + q$$

mit folgenden Differenzensymbolen

$$\Delta_r F_r \Delta_r p = F_{i+1/2,j}(p_{i+1,j} - p_{ij}) - F_{i-1/2,j}(p_{ij} - p_{i-1,j})$$

$$F_{i+1/2,j} = f_r\, \frac{2\pi \Delta z_j k_{i+1/2,j} p_{i+1/2,j}}{\mu Z \ln r_{i+1}/r_i}$$

$$\Delta_z F_z \Delta_z p = F_{ij+1/2}(p_{ij+1} - p_{ij}) - F_{ij-1/2}(p_{ij} - p_{ij-1})$$

$$F_{ij+1/2} = f_z\, \frac{2\pi(r_{i+1}^2 - r_i^2) k_{ij+1/2}\, p_{ij+1/2}}{\mu Z(\Delta z_{j+1} + \Delta z_j)}$$

$$V\Delta_t p/Z = \vartheta (S_g \varnothing)_{ij}\, \pi(r_{i+1}^2 - r_i^2)\, \frac{\Delta z_j}{\Delta t}\left(\frac{p}{Z}\ ij,\ n+1 - \frac{p}{Z}\ ij,\ n\right)$$

$$\Delta G_p = \sum q_{ij}$$

überführt.

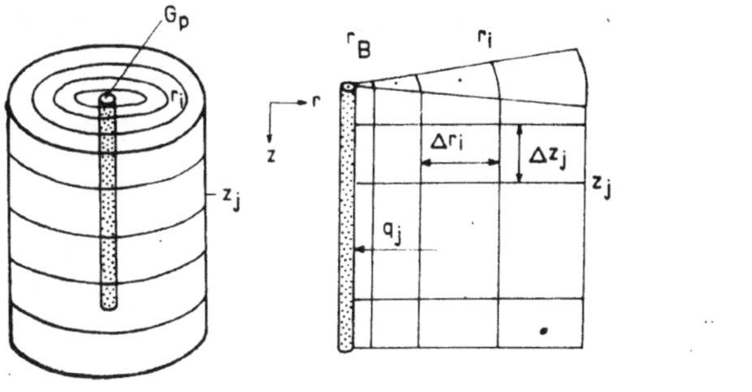

Abb. 1

Die Mittelung der Permeabilitäten zwischen den Elementen bzw. Gitterpunkten kann wahlweise nach dem harmonischen Mittel, Flächenmittel oder Maximumprinzip erfolgen. Das Differenzengleichungssystem wird mit dem numerischen Lösungsverfahren „Geordnete Elimination" aufgelöst.

Randbedingungen

Für den äußeren Rand ($r = r_e$), also die Grenze des Sondeneinzugsgebiets, können folgende Bedingungen gewählt werden:

— Geschlossene Kontur, impermeabler Rand

grad $p_{Mj} = 0$

— Offene Kontur, konstanter Druck

$p_{Mj} = \text{const.}$

— Offene Kontur, Berechnung eines Zuflusses über die Kontur

$q_{Mj} \sim \text{grad}\ p_{Mj}$

Für jeden konkreten Anwendungsfall ist eine dieser Randbedingung als speichertypisch auszuwählen. Darin ist natürlich eine Abbildungsproblematik eingeschlossen, die zu Ungenauigkeiten führen kann.

Sondenbedingung

Unter dieser Bedingung ist der Strömungsabschnitt zwischen Sondenwand an der Speicherschicht und dem Sondenkopf zu betrachten. Dafür werden die bekannten Sondengleichungen

$$p_{ij}^2 - p_B^2 = a_j q_{1j} + b_j q_{1j}^2$$

$$p_K^2 = e^{-s}(p_B^2 - \ominus \Delta G_p^2)$$

benutzt.

Verschiedene Vorgaben und Grenzkriterien ermöglichen, die fördertechnischen Verhältnisse einzuhalten. Wichtig ist das Verfahren zur Aufteilung der Sondenrate ΔG_p auf die einzelnen Schichten q_{ij}. Die Untersuchungen ergaben, daß es für eine konvergierende Lösung erforderlich ist, die einzelnen Schichtraten und den Bohrlochsohlendruck implizit im Differenzengleichungssystem mit zu berechnen. Damit können gleichzeitig Überströmvorgänge zwischen den Schichten erfaßt werden, die allein über das Bohrloch verlaufen.

Druckaufbau

Der Druckausgleich im Speicher bzw. in seinen einzelnen Schichten wird durch die Differenzengleichungen simuliert. Er wird durch die unbekannte Nachproduktionsrate im Bohrloch gestört. Ähnlich der Sondenbedingung ist die Nachproduktionsrate implizit und iterativ zu berechnen.

$$Q_{NP} = \frac{C_B}{2\Delta t} [(1 + e^{-s}) (p_B{}^{k+1} - p_B{}^n) + (p_B{}^k e^{-s} - p_K{}^k)]$$

Im ersten Term ist die Ratenentwicklung infolge des sich angleichenden Bohrlochsohlendrucks enthalten. Der zweite Term tritt nur im ersten kurzen Zeitschritt des Druckaufbaus auf, um die dynamischen Druckänderungen(-verluste) unmittelbar nach Sondenstillstand zu berücksichtigen.

Umkehrmethodik

Das bisher mathematisch charakterisierte Modell dient als Simulator für History-Match-Berechnungen, die als Adaptionsverfahren das aus der Publikation KRETZSCHMAR & HEIDENREICH (1976) vorgestellte „Fensterverfahren" benutzen. Die anderen deterministischen Suchverfahren mußten ausscheiden, da sie mindestens zwei Meßlokationen benötigen, hier jedoch nur ein Meßpunkt in der Sonde vorhanden ist. Stochastische Suchverfahren sind infolge ihrer Ungenauigkeit von vornherein abzulehnen.

4. Programmhinweise

Das dargelegte Modell wurde in FORTRAN für die Rechenanlage BESM-6 programmiert (Programm MONOSO). Es läßt eine maximale Problemgröße von 25 Elementen in radialer Richtung und 15 Elementen (Schichten) in vertikaler Richtung zu. Das Programm benötigt 22 K als internen Speicherplatz und 14 K als externen Arbeitsspeicherplatz, um die Matrix der „Geordneten Elimination" während der Berechnung aufzuheben. Das aus den Differenzengleichungen entstandene Gleichungssystem wird nicht nach dem Druck p, sondern nach der Druckänderung Δp aufgelöst. Dadurch ist die relativ aufwendige „Geordnete Elimination" nicht unbedingt in jedem Zeitschritt Δt neu auszuführen. Die einmal aufgestellte Matrix kann über mehrere Zeitschritte beibehalten werden. Für normale Problemgrößen liegt die Rechenzeit eines einjährigen Realzeitraums in der Größenordnung von 5 min.
Im erwähnten „Fensterverfahren" werden die einzelnen Simulationen so durchgeführt, daß die anzupassenden Parameter stets auf einer „Diagonalen" im n-dimensionalen Raum liegen, wobei der eine Eckpunkt die untere Grenze und der andere Eckpunkt die obere Grenze für alle anzupassenden Parameter darstellt. Der Abstand zwischen dem Anfangspunkt der Parameter und den Eckpunkten wird unterteilt, wobei die Teillängen kleiner werden, je mehr sie sich dem Eckpunkt nähern. Es werden jeweils drei Simulationen durchgeführt, die mit „mitte", „oben" und „unten" bezeichnet werden. Derjenige Punkt, bei dem die Gütefunktion (Summe der Quadrate der Abweichungen zwischen Rechen- und Meßwerten) ihren kleinsten Wert hat, stellt den neuen Mittelpunkt dar. Hierzu werden wieder die Punkte „oben" und „unten" bestimmt, wobei der Abstand zwischen „oben" und „unten" stets verkleinert wird. Es lassen sich somit alle Punkte auf der Diagonalen erreichen. Die Veränderung der einzelnen Parameter geschieht immer gleichmäßig. Durch unterschiedliche Schranken und Anfangswerte können die Teilschritte unterschiedlich ausfallen. Einzelne Parameter können auch konstant gelassen werden.

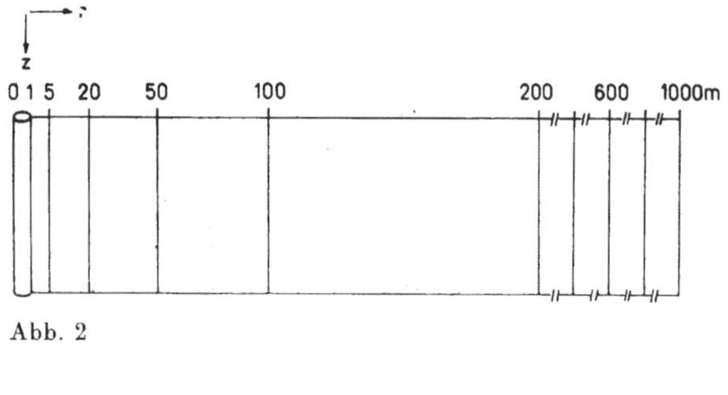

Abb. 2

5. Berechnungsbeispiel

Um einen Anwendungsfall des Sondenmodells darzustellen, wird eine kurze Förderphase und längere Druckaufbauzeit einer Gassonde zur Berechnung ihrer Speicherporosität und Speicherpermeabilität simuliert. Die Gassonde befindet sich im Zentrum einer teilabgebauten Erdgaslagerstätte. Ihr Einzugsgebiet wurde areal nach Abb. 2 eingeteilt. Ihre Druck-Volumen-Dynamik ist in der Tabelle enthalten.
Obwohl die Druckaufbaukurve auf die erwartete mehrschichtige Speichergliederung hindeutet, wird die Simulation zunächst fur eine Schicht vorgenommen.

Einschicht-Fall:

Es soll die mittlere Porosität im Sondeneinzugsgebiet bestimmt werden. Als Startwerte werden eingegeben:

- Permeabilität k von der Sonde (500 md) zum äußeren Rand (50 md) abfallend;
- Porosität ⌀ = 11% konstant (Simulationsschranken 1% bis 50%);
- äußerer Rand des Sondenbereichs geschlossen.

Als Berechnungsergebnis stellt sich ein:

Porosität ⌀ = 11,72%,

bei einer Gütefunktion $E = 7{,}9$ kp²/cm⁴ und maximalen Druckabweichungen $\Delta p = 1{,}7$ kp/cm² bei $t = 40$ d und

$\Delta p = 0{,}7$ kp/cm² bei $t = 180$ d.

Der ⌀-Startwert war somit gut eingeschätzt worden. Die Gütefunktion läßt sich nicht weiter verringern. Das deutet ein flaches Minimum der Gütefunktion, also keine scharfe Eindeutigkeit an. Die Ergebnisse des Einschichtfalls sind lediglich für Überschlagsrechnungen geeignet.

Dreischicht-Fall:

Dem natürlichen Speicherbau kommt eine dreischichtige Gliederung näher. Folgende Startwerte werden für den 1. Run geschätzt:

	Mächtigkeit h in m	Permeabilität k in md	Porosität ⌀ in %	Schranken ⌀ in %
obere Schicht	10	1	10	6–12
mittlere Schicht	20	200	16	10–20
untere Schicht	10	10^{-2}	6	4–8

Äußerer Rand geschlossen!

Das Berechnungsergebnis $⌀_1 = 12\%$
$⌀_2 = 20\%$
$⌀_3 = 8\%$

zeigt die Werte an den oberen Schranken, bei einer Gütefunktion von $E = 70{,}7$ kp²/cm⁴. Dieses Ergebnis ist unbefriedigend. Die Urasche liegt in einer zu niedrigen Permeabilitätsvorgabe.
Dem 2. Run wird deshalb ein Wert $k_2 = 600$ md vorge-

Tabelle: Druck-Volumen-Dynamik der Gassonde

	Förderung				Druckaufbau												
Zeit, t in d	0	1	30	40	41	42	43	44	45	48	50	75	105	135	150	165	180
Sondenrate Q in 10^5 m_N^3/d	0	1,81	1,81	1,94	0	0	0	0	0	0	0	0	0	0	0	0	0
Sohlendruck p_B in kp/cm^2	26	22,4	22,3	22,2	23,0	23,5	24,0	24,2	24,4	24,6	24,7	24,8	24,9	25,0	25,2	25,5	25,7

geben. Damit stellen sich zunächst akzeptable Ergebnisse ein

$$\varnothing_1 = 6{,}2\%$$
$$\varnothing_2 = 10{,}3\%$$
$$\varnothing_3 = 4{,}1\%$$
$$E = 8{,}0\ kp^2/cm^4.$$

Im 3. Run dienen diese Porositätsergebnisse als Startwerte für eine Permeabilitätsanpassung, deren zulässiges Intervall mit $k_1 = 10^{-1} - 10$ md; $k_2 = 10^2 - 10^3$ md; $k_3 = 10^{-3} - 10^{-1}$ md festgelegt werden soll.

Die Ergebnisse $k_1 = 0{,}86$ md
$k_2 = 488{,}9$ md
$k_3 = 0{,}0086$ md
$E = 7{,}51\ kp^2/cm^4$

stellen zufrieden.
Sie dienen im 4. Run einer erneuten Porositätsanpassung, um eine höhere Ergebnisgenauigkeit zu erreichen.

Die Resultate $\varnothing_1 = 6{,}9\%$
$\varnothing_2 = 12{,}2\%$
$\varnothing_3 = 4{,}8\%$
$E = 7{,}26\ kp^2/cm^4$
$\Delta P_{max} = 1{,}49\ kp/cm^2$ bei $t = 41$ d
$= 0{,}9\ kp/cm^2$ bei $t = 180$ d

zeigen nur eine schwache Genauigkeitserhöhung und das endgültig Mögliche in diesem Fall. Anpassungssimulationen mit offener äußerer Kontur und linearem wie radialem Zufluß über diese Kontur liefern wieder ungenauere Ergebnisse.

6. Schlußfolgerungen

Das dargelegte Sondenmodell wird den eingangs aufgeführten Zielstellungen gerecht. Es kann jedoch nicht Defizite in den Meßinformationen überdecken und ersetzen. Eine schrittweise variantenmäßige Anwendung durch den Fachmann, der weitere geologisch-reservoirmechanische Kenntnisse beisteuern muß, gewährleistet den größten Anwendungserfolg. Diese, neben der automatischen bestehende „menschliche" Steuerung, ermöglicht es, eine Mehrdeutigkeit weitgehend auszuschalten.
Die bisherigen Anwendungserfahrungen zeigen, daß in den meisten Fällen das von vornherein nicht bekannte Sondeneinzugsgebiet mit einer geschlossenen äußeren Kontur am günstigsten zu belegen ist, da nach Einstellen eines quasistationären Strömungszustands die einzelnen Sondeneinzugsgebiete annähernd konstant und ohne Konturzufluß bleiben.
Aus der zukünftigen Modellnutzung wird über die Notwendigkeit reservoirmechanischer Ergänzungen, wie zum Beispiel einer Nicht-DARCYschen Strömung in Sondennähe, zu entscheiden sein. Eine Modellvariante für die Zweiphasenströmung Gas—Wasser befindet sich gegenwärtig in Entwicklung.

Symbole

a — Sondenleistungsfaktor
b — Sondenleistungsfaktor
C_B — Sondenspeicherkoeffizient
f_r, f_z — Dimensionsfaktoren für radialen und vertikalen Fluß zwischen den Elementen
G_p — Förder- oder Injektionsvolumen der Sonde
k — Permeabilität
p — Druck
q — Schichtrate
r — Radius
S_g — Gassättigung
s — Exponent der barometrischen Höhenformel
t — Zeit
Z — Realgasfaktor
z — Tiefe im Sondenbereich
ϑ — thermodynamischer Korrekturfaktor
$\ominus$ — Reibungsfaktor in der Sonde
$\varnothing$ — Porosität
μ — Gasviskosität

Indices

i — Koordinate in r-Richtung
j — Koordinate in z-Richtung
B — Sondensohlenzustand
K — Sondenkopfzustand
k — Iterationsstufe
M — Äußeres Element in r-Richtung
n — Zeitkoordinate

Zusammenfassung

Die Entwicklung reservoirmechanisch-numerischer Simulationsverfahren erstreckt sich auch auf die radialsymmetrischen Strömungsvorgänge an einer Bohrung. Für die Realgasströmung wird ein zweidimensionales Modell in Zylinderkoordinaten abgeleitet und programmiert, das im Grundverfahren einen zukünftigen Druck- und Leistungsverlauf, im Umkehrverfahren die Speichereigenschaften in Bohrungsnähe berechnen kann. Auf Möglichkeiten und Beschränkungen einer praktischen Anwendung wird eingegangen.

Резюме

Развитие подземно-гидравлических числовых способов симуляции и распространяются на явления радиальносимметрического течения в скважине. Для течения реального газа выводится и программируется двухмерную модель цилиндрическими координатами, которая в основном способе может вычислять будущий ход давления и мощности, а в обратном способе свойства коллектора в близи скважины. Устанавливается на возможностях и ограничениях практического применения.

Summary

The development of reservoir-mechanical and numerical methods of simulation also extends to radial-symmetrical flow processes in a well. A two-dimensional model derived in cylindrical coordinates and programmed for the real-gas flow enables a future development of pressure and output to be calculated by the base method, and the storage properties near the well to be calculated by the method of inversion. Possibilities and limits of practical application are discussed.

Literatur

COATS, K. H. u. a.: Analysis and Prediction of Gas Well Performance. — Soc. Petr. Eng. AIME, Reprint 3474, Dallas 1971.

DRANCHUK, P. M.; FLORES, J.: Non-Darcy Transient Radial Gas Flow Through Porous Media. — Soc. Petr. Eng. Joru., 4, 129–139, Dallas 1975.

KAZEMI, H.: Pressure Transient Analysis of Naturally Fractured Reservoirs with Uniform Fracture Distribution. — Soc. Petr. Eng. Jour. 9, 451–462, Dallas 1969.

KRETZSCHMAR, H.-J.; HEIDENREICH, H.: Umkehrmodelle zur Bestimmung reservoirmechanischer Speichereigenschaften. — Z. angew. Geol. 22, 5, 233–238, Berlin 1976.

SONIER, T. u. a.: A Numerical Model of Multiphase Flow Around a Well. — Soc. Petr., Eng. AIME, Reprint 3627, Dallas 1971.

VOIGT, H.-D.: Simulation der räumlichen Gasströmung und ihre Anwendung bei der Untersuchung von Gassonden. — Vortrag z. Berg- u. Hüttenmännischen Tag, Freiberg, Koll. 2, Freiberg 1975.

Anreicherung von Edelgasen in Gasgemischen zur Messung geringer Konzentrationen

MOHNKE, M.; HÖFLING, R., Leipzig

1. Einführung

In bestimmten Fällen ist es für die geologische Interpretation notwendig, Edelgasgehalte in Erdgasen, Bodengasen und Luft in einem Konzentrationsbereich $< 10^{-3}$ Vol.-% zu bestimmen. Mit den für die Edelgasanalyse üblichen Meßgeräten (Gaschromatographen mit Wärmeleitfähigkeitsmeßzelle als Detektor) sind Bestimmungen im genannten Konzentrationsbereich nicht möglich. Daraus ergibt sich die Aufgabe, die Edelgase in den Probegasgemischen auf einen Konzentrationsbereich anzureichern, der dem Meßbereich des Analysengeräts entspricht. Der erzielte Anreicherungsfaktor muß quantitativ bestimmt werden. Sein Fehler sollte möglichst kleiner sein als der Analysenfehler des Meßgeräts.

ROLLE & HÜBNER (1967) verwendeten zur Herstellung reinen Wasserstoffs aus organischen Verbindungen zum Zwecke der Wasserstoffisotopenanalyse Chrompulver.

Chrom reagiert bei höheren Temperaturen (etwa ab 650 °C) unter Bildung von Nitriden, Carbiden, Oxiden usw., die thermodynamisch relativ stabil sind. Eine Adsorption von Wasserstoff und die Bildung von Hydriden ist weitgehend ausgeschlossen. Daraus ergibt sich die Möglichkeit zur Entfernung der Hauptkomponenten Stickstoff, Sauerstoff und Kohlenstoff aus den oben genannten Gasgemischen. Der entstehende Wasserstoff kann durch Umsetzung mit Kupferoxid zu Wasser und durch Ausfrieren des Wassers entfernt werden. Das verbleibende Restgas besteht dann hauptsächlich aus Edelgasen. Nähere Untersuchungen zeigten, daß neben anderen Möglichkeiten der Entfernung der genannten Hauptkomponenten die Chrom-Kupferoxid-Methode zu guten Ergebnissen führt.

2. Experimentelles

Zur Anreicherung wurde eine Kreislaufapparatur (Abb.) verwendet. Über Hahn 5 wird die gesamte Apparatur einschließlich Probegefäß und Auffanggefäß bis 10^{-3} Torr evakuiert. Dabei hat der Reaktionsofen Betriebstemperatur. Danach wird die Probeleitung über die Hähne 1 und 2 mit Probegas gespült und dann das Probegefäß einschließlich Quecksilbermanometer bei Atmosphärendruck gefüllt. Über die Hähne 3 und 4 wird dann die Probe in die Kreislaufapparatur eingelassen. Dabei sind die Hähne 9 und 10 geschlossen.

Das Reaktionsrohr besteht aus Quarz und ist abwechselnd mit Chrompulver (Korngröße 0,2 mm) und Quarzwolle bzw. mit Kupferoxid gefüllt. Diese Segmentfüllung hat den Vorteil, daß das Ausgangsgemisch nicht in bevorzugten Kanälen strömen kann. Außerdem läßt sich das Reaktionsprodukt später leichter entfernen. Zwei getrennte Heizwicklungen gestatten die Einstellung der Reaktionstemperaturen, für Chrom 950 °C und für Kupferoxid 450 °C. Die Temperaturen werden mit Thermoelementen überprüft.

Der aus Wasserstoffverbindungen gebildete Wasserstoff wird am Kupferoxid zu Wasser umgesetzt, das in der nachfolgenden Kühlfalle ausgefroren wird. Die anfänglich hohe Reaktionsgeschwindigkeit sinkt mit sinkendem Druck, was am Quecksilberniveau in der Geislerpumpe beobachtet werden kann. Bei etwa 350 Torr wird Hahn 9 geöffnet, die automatische Toeplerpumpe angestellt und über die Hähne 11 und 12 das Gasgemisch im Kreislauf gepumpt, bis keine Druckänderung mehr zu bemerken ist. Danach wird Hahn 10 geöffnet und das in der Apparatur befindliche Anreicherungsprodukt mit der Toeplerpumpe bis zu einem Restdruck von 10^{-3} Torr über Hahn 11 in die Geislerpumpe befördert. Durch Heben des Niveaugefäßes an der Geislerpumpe wird das Anreicherungsprodukt über die Hähne 11, 12 und 13 in das Auffanggefäß gedrückt.

Das Auffanggefäß ist eine 10-ml-Bürette (Teilung 0,02 ml), die an ihrem oberen Ende mit einem Silikongummiseptum verschlossen ist, damit Proben mit Gasinjektionsspritzen zur Analyse entnommen werden können.

Zur Ermittlung des Anreicherungsfaktors über das Verhältnis des Volumens der Ausgangsprobe zum Volumen des Anreicherungsprodukts ist es erforderlich, das Probegefäß auszulitern, die Menge des Anreicherungsprodukts zu messen und beide Volumina auf Normalbedingungen zu korrigieren. Zur Anreicherung einer Meßprobe werden etwa 3 Stunden benötigt. Für 1 500 ml Luft oder Erdgas sind etwa 50 g Chrompulver erforderlich.

3. Ergebnisse

Zur Untersuchung des Anreicherungsverfahrens wurden Luft- und Erdgasproben verwendet. Die erhaltenen Ergebnisse sind in der Tabelle zusammengestellt. Der angegebene Helium- und Argongehalt der Luft (Autorenkollektiv) erlaubt es, den über das Ausgangs- und Endvolumen berechneten Anreicherungsfaktor mit Hilfe der Verhältnisse von Ausgangs- und Endkonzentrationen zu überprüfen. Die Erdgasproben wurden so ausgewählt, daß die Ausgangskonzentration des Heliums bereits im Meßbereich des verwendeten Meßgeräts lag, um auch hier den Heliumgehalt als inneren Standard zur Überprüfung des Anreicherungsfaktors benutzen zu können. Der Argongehalt der Erdgasproben lag nicht im Meßbereich.

Die Zusammensetzung des Anreicherungsprodukts wurde gaschromatographisch untersucht. Dabei wurde festgestellt, daß der Gehalt an Kohlenwasserstoffen $< 10^{-5}$ Vol.-%, der Wasserstoffgehalt $< 0,5$ Vol.-% war und der Rest aus Edelgasen und Stickstoff bestand. Die restlose Entfernung von Stickstoff ist bei der Arbeits-

Eingang des Manuskripts in der Redaktion: 23. 5. 1977.
Mitteilung aus dem Zentralinstitut für Isotopen- und Strahlenforschung Leipzig.

Zeitschrift für angewandte Geologie, Bd. 24 (1978), Heft 4

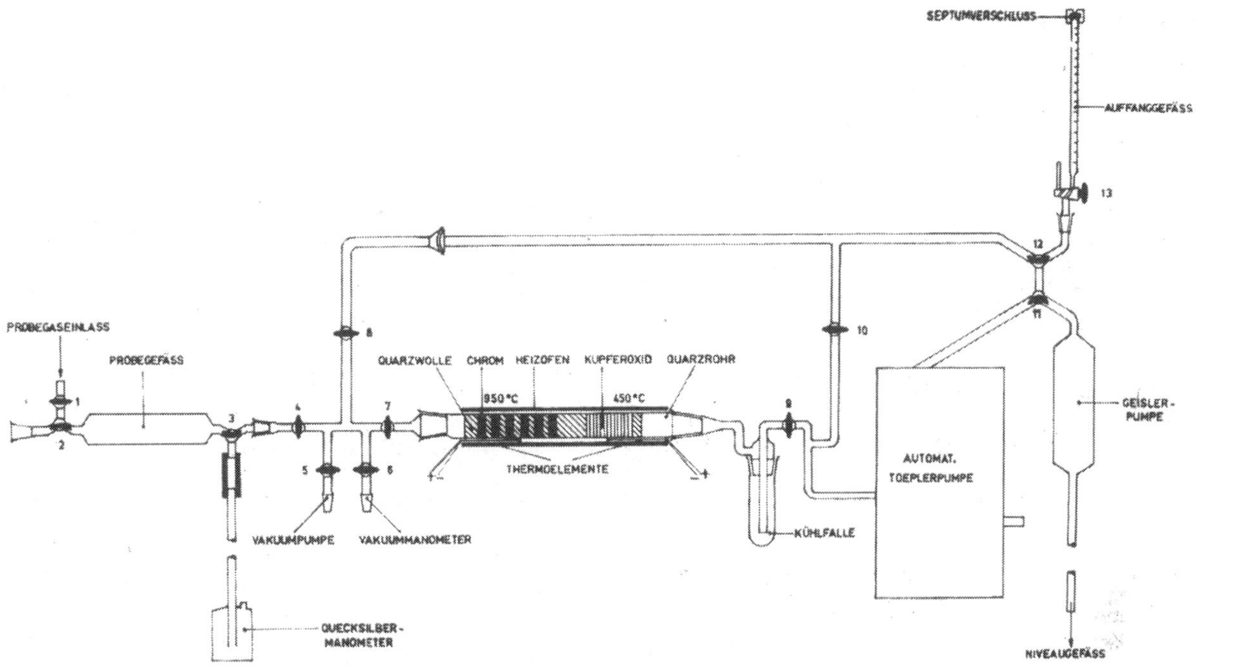

Abbildung

Tabelle

Probe-Art	Volumina		Helium		Argon		Anreicherungsfaktoren über		
	Ausg.-V. ml	End-V. ml	Ausg.-K. Vol.-%	End.-K. Vol.-%	Ausg.-K. Vol.-%	End.-K. Vol.-%	Volumina	He-Konz.	Ar-Konz.
Luft	434,9	4,92	$4{,}91 \cdot 10^{-4}$	0,044	0,923	—	88,4	89,6	—
Luft	435,2	6,28	$4{,}91 \cdot 10^{-4}$	0,034	0,923	—	69,3	69,2	—
Luft	431,4	9,47	$4{,}91 \cdot 10^{-4}$	0,022	0,923	—	45,6	44,8	—
Luft	213,8	2,36	$4{,}91 \cdot 10^{-4}$	—	0,923	85,07	90,6	—	92,5
Luft	213,8	4,40	$4{,}91 \cdot 10^{-4}$	—	0,923	43,70	48,6	—	47,5
Luft	213,6	3,16	$4{,}91 \cdot 10^{-4}$	0,034	0,923	62,48	67,6	69,3	67,9
Luft	213,6	2,06	$4{,}91 \cdot 10^{-4}$	—	0,923	93,08	103,7	—	101,2
Luft	213,8	3,14	$4{,}91 \cdot 10^{-4}$	—	0,923	62,00	68,1	—	67,4
Luft	213,9	3,40	$4{,}91 \cdot 10^{-4}$	—	0,923	57,81	62,9	—	62,8
Luft	213,6	2,06	$4{,}91 \cdot 10^{-4}$	0,051	0,923	95,09	103,7	103,9	103,4
Luft	213,6	2,18	$4{,}91 \cdot 10^{-4}$	0,049	0,923	90,58	98,0	99,5	98,5
Erdgas	425,7	2,14	0,267	52,10	—	—	198,9	195,1	—
Erdgas	682,5	1,90	0,267	96,20	—	—	359,2	360,3	—
Erdgas	458,6	2,48	0,264	48,72	—	—	184,9	182,5	—
Erdgas	458,2	4,69	0,240	23,53	—	—	97,7	98,0	—
Erdgas	1 269,2	3,34	0,240	91,19	—	—	380,0	380,0	—
Erdgas	1 289,6	2,86	0,212	95,98	—	—	450,9	452,7	—

temperatur durch den Dissoziationsdruck der Chromnitride nicht möglich.

Der Anreicherungsfaktor wird durch die höchste Konzentration eines Edelgases in der Ausgangsprobe nach oben begrenzt. Für Luft ergibt sich aus dem Argongehalt von 0,923 Vol.-% ein maximaler Wert von 108,3.

Der relative Fehler der Bestimmung des Anreicherungsfaktors ergibt sich aus der Summe der Einzelfehler bei der Ausgangs- und Endvolumenmessung zu etwa $\pm 2\%$. Bestimmt man den Anreicherungsfaktor über die Helium- bzw. Argonkonzentration, so ergibt sich sein relativer Fehler aus der Summe der Fehler bei der Analyse ebenfalls zu etwa $\pm 2\%$. Für die Messung geringer Edelgaskonzentrationen unter Verwendung des beschriebenen Anreicherungsverfahrens resultiert somit ein maximaler relativer Gesamtfehler von $\pm 4\%$. Der Vergleich der erhaltenen Anreicherungsfaktoren (s. Tabelle) zeigt, daß die Abweichungen innerhalb des angegebenen Bereichs liegen.

Die beschriebene Chrom-Kupferoxid-Methode kann auch benutzt werden, wenn an Edelgasen, die in geringen Konzentrationen in Gasgemischen vorliegen, Präzisionsisotopenanalysen ausgeführt werden sollen. Zumindest kann die Methode zur weitgehenden Entfernung der bei der Isotopenanalyse störenden Begleitgase dienen.

Zusammenfassung

Es wird eine Methode beschrieben, mit deren Hilfe Edelgase in Gasgemischen angereichert werden können. Die Anreicherung dient gas- und isotopenanalytischen Zwecken und kann quantitativ und halbautomatisch ausgeführt werden.

Summary

A method enabling rare gases to be enriched in gas mixtures is described. The enrichment serves the purposes of gas and isotopic analyses and can be performed both quantitatively and semiautomatically.

Резюме

Описывается метод, при помощи которого возможно обогатить благородные газы в газовых смесах. Обогащение служит газо- и изотопно-аналитическим целям и исполняется количественно и полуавтоматически.

Literatur

ROLLE, W.; HÜBNER, H.: Einstufige Umarbeitung organischer Verbindungen in Wasserstoff zur massenspektrometrischen Isotopenanalyse. – Z. anal. Chem. **232**, 5, 328, Springer-Verlag, Berlin 1967.

Autorenkollektiv: „Grundwissen des Ingenieurs", S. 429. – VEB Fachbuchverlag, Leipzig 1961.

Mitteilung über das Krokoitvorkommen von Callenberg (Sachs.)

ROHDE, G.; TISCHENDORF, G., Berlin; LEONHARDT, J., St. Egidien; DAMASCHUN, F., Berlin

Am SW-Rand des Granulitgebirges kommen nördlich von Hohenstein-Ernstthal zwischen dem Granulitmassiv und der Schieferhülle mehrere Metabasitkörper vor. Sie bestehen aus Serpentiniten, Gabbrogesteinen und Amphiboliten, die durch intensive Störungszonen voneinander getrennt werden. Die fossile Verwitterungsdecke der Bronzitserpentinite ist Gegenstand der bergmännischen Gewinnung.

Am 3. 3. 1977 wurde in Callenberg (Sachs.) ziemlich unvermittelt Krokoit aufgefunden. Bei der Abraumbewegung im Nickeltagebau Callenberg-Nord I trat im Liegenden einer 1,5 m mächtigen quartären Abraumdecke das Vorkommen zu Tage.

Durch die Nickelhütte St. Egidien erfolgt seit 1960 eine Verarbeitung von hydrosilikatischen Nickelerzen. Aus dem Tagebau Callenberg-Nord I wird seit Oktober 1972 Erz gefördert. Weder die im sächsischen Granulitgebirge durchgeführten Erkundungsarbeiten auf Nickel noch die Aufschluß- und Gewinnungsarbeiten in den Nickellagerstätten selbst lieferten bisher Anzeichen für ein Krokoitvorkommen. Nach den uns vorliegenden Informationen handelt es sich in Callenberg um den ersten Krokoitfund auf dem Gebiet der DDR.

1. Geologie und Petrographie der Umgebung des Krokoitvorkommens

Die beiden Lagerstätten Callenberg-Nord I und II basieren auf einem gemeinsamen Bronzitserpentinitkörper. Dieser ist dem Granulit flach aufgelagert. Seine Mächtigkeit wächst mit der Entfernung vom Granulitkontakt rasch an. Der Serpentinit wird von Gabbro überlagert und dieser wiederum von Glimmerschiefer. Die Untergliederung des Serpentinitkörpers in einzelne Erzkörper ist eine Folge intensiver tektonischer Bewegungen. Besonders markant ausgebildet sind rheinisch streichende Störungen, die die Lagerstätte zerlegen. Untergeordnet treten herzynisch angelegte Störungen auf. Im Bereich der Lagerstätten Callenberg-Nord sind die alten Störungszonen von Granitgängen und Pegmatiten als Aufstiegsbahnen benutzt worden. Diese 0,2 bis 30 m mächtigen magmatischen Bildungen sind zusammen mit dem Serpentinit und den anderen Nebengesteinen tiefgründig verwittert.

Die Verwitterungsprofile sind durch glaziale Bewegungen gekappt worden. Deshalb fehlen in manchen Lagerstättenteilen die Zersatzpartien vollkommen. Das typische Vererzungsprofil mit sogenanntem Roten Gebirge (= Fe-reicher Verwitterungsrückstand), Grünen Gebirge (= Ni-reiche Zwischenzone) und Grauen Gebirge (= gebleichter Serpentinit) (siehe JUBELT 1957, WERNER 1965) erscheint nicht wie zu erwarten horizontal gegliedert, sondern ist häufig vertikal angeordnet.

Am Kontakt der Granitgänge zum Serpentinit ist dieser unter Zufuhr von Kieselsäure und verbunden mit Lösungserscheinungen in einer Mächtigkeit von 0,2 bis 10 m zu Silicophit umgebildet worden. Dieses Gestein ist zellig ausgebildet. Die Silicophitbrocken sind häufig von chloritisch-vermiculitischen Massen eingehüllt (Grünes Gebirge). In der Regel werden die Gangstörungen von Rotem Gebirge, einem mit verschiedenen Fe-Erzen (Limonit, Hämatit, Magnetit) und Manganerzen (Psilomelan, Asbolan, Wad) angereicherten, meist strukturlosen, braun bis rotbraun gefärbtem Serpentinitersatz flankiert.

Große Teile der Lagerstätten bestehen aus Grauem Gebirge, einer Verwitterungszone, in der das Primärgefüge des Serpentinits teilweise noch erhalten ist, teilweise jedoch aufgelöst wird. Mit der Bleichung des Serpentinits ist die Umverteilung des Magnetits in Klüfte und Haarrisse verbunden. Dabei verliert der Serpentinit gleichzeitig die dunkle Farbe. Chromit als Relikt des peridotitischen Ausgangsgesteins ist überwiegend in Schlieren angehäuft. Zuweilen sind als Kluftminerale im gebleichten Serpentinit Garnierit neben Chalcedon anzutreffen.

2. Bleierzmineralisationen in der Umgebung des Krokoitvorkommens

Aus der näheren Umgebung des Krokoitvorkommens sind keine sulfidischen bleiführenden Mineralparagenesen bekannt. Die nächste Mineralisation tritt bei Niederwinkel in ca. 4 km Entfernung nördlich von der Krokoitfundstelle auf. Dort kommt ein ehemals von der Segen Gottes Zeche bebauter 20 bis 40 cm mächtiger Gang vor, der Quarz und Baryt sowie Galenit, Tetraedrit, Chalkopyrit und gediegen Wismut führt. Darüber hinaus traten eine Reihe Oxydationsminerale, wie Anglesit, Cerussit, Pyromorphit, Malachit, Azurit und Wismutocker (Bismit ?) auf. Der Gang gehört zweifellos formationell zum sogenannten zweiten, postvariszischen (saxonischen) Mineralisationszyklus, der im Erzgebirge und Granulitgebirge relativ verbreitet ist.

Weiter treten ca. 12 km nordnordwestlich der Krokoitfundstelle bei Hartmannsdorf im Pyroxengranulit und ca. 7 km südöstlich im Glimmerschiefer bei Hohenstein-Ernstthal polymineralische Vererzungen auf. Die Mineralisation von Hartmannsdorf ist mit Kassiterit, Arsenopyrit, Kobaltglanz, Chalkopyrit, Tetraedrit, relativ reichlich Jamesonit sowie Galenit und gediegen Gold ziemlich ungewöhnlich. Die Vererzung von Hohenstein-Ernstthal führt Arsenopyrit, Tetraedrit, Chalkopyrit und z. T. gediegen Gold und ist gegenüber der von Hartmannsdorf wohl eintöniger, jedoch könnte formationelle Verwandtschaft bestehen. OELSNER & TISCHENDORF (1957) sind der Meinung, daß es sich bei beiden Vorkommen um metamorphogene Bildungen handeln könne.

3. Beschreibung des Krokoitvorkommens

Lokale geologische Situation

Das Krokoitvorkommen von Callenberg liegt im Zentralteil der Nickellagerstätte. Es beschränkt sich auf das Gebiet von Granitgangkreuzen und deren unmittelbare Umgebung. Ein rheinisch streichender (10 g/80 g NW), zu Grus zersetzter, kaolinisierter Granitgang von ca. 7 m Mächtigkeit wird im Abstand von ca. 5 m von zwei herzynisch streichenden Granitgängen (ca. 115 g/85 g NE) gekreuzt. Diese beiden Gänge haben geringe Mächtig-

Eingang des Manuskripts in der Redaktion: 24. 11. 1977.

keit (0,1 bis 1 m). Sie werden durch den rheinisch streichenden Gang verworfen. Die größten Anreicherungen von Krokoit und seinen Begleitmineralen wurden in einer Mylonitzone im Liegenden des rheinisch streichenden Ganges aufgefunden. Hier war Krokoit in kompakten Stücken bis zu 0,5 m Größe und in gerundeten Silicophitbrocken bis zu 1,5 m Durchmesser angereichert. Die Silicophitbrocken waren teilweise von Krokoit umkrustet. Besonders wohl ausgebildete Kristalle befanden sich in den Kavernen des zelligen Silicophits.
Die beiden herzynisch streichenden Granitgänge setzen in den rheinisch streichenden Gang hinein. Dabei bildet der südliche der beiden einen 4 bis 12 cm mächtigen Gang mit Quarz, Krokoit, Pyromorphit und Asbolan. Der nördliche Gang setzt sich als Netz feiner Klüfte fort. Auf den Klüften liegen Krokoitkristalle bis zu 2,5 cm Länge lose im Granitzersatz. Nur an wenigen Stellen wird der Krokoit durch Quarz, Asbolan oder Chalcedon zu gangartigen Stücken bis zu 7 cm Mächtigkeit verkittet. An einigen Proben wurde beobachtet, daß Krokoit auch eingesprengt in den erdig-chloritisch zersetzten Serpentinit aus dem Kontakt Serpentinit zu Silicophit auftritt.

Die Mineralparagenesen innerhalb des krokoitführenden Bereichs und ihre Verbreitung

Mineralisationstypen und Minerale

Die Callenberger Krokoitparagenese setzt sich aus folgenden makroskopisch erkennbaren Mineralen zusammen:
(In den nachfolgenden drei Gruppen sind die Minerale nach ihrer abgeschätzten Häufigkeit geordnet.)

Pb-Erzminerale

Krokoit	$Pb[CrO_4]$
Pyromorphit	$Pb_5[Cl/(PO_4)_3]$
Mimetesit	$Pb_5[Cl/(AsO_4)_3]$
Vauquelinit	$Pb_2Cu[OH/CrO_4/PO_4]$
Fornacit	$Pb_2Cu[OH/CrO_4/AsO_4]$
Cerussit	$PbCO_3$
Bindheimit	$Pb_{1-2}Sb_{2-1}(O, OH, H_2O)_{6-7}$

Weitere Erzminerale

„Asbolan" (? Vernadit)	$H_2MnO_3 + H_2O$ (mit Co, Ni)
Goethit	α-FeOOH
? gediegen Silber	Ag

Nichterzminerale

Quarz	SiO_2
Montmorillonit	$(Al, Mg)[(OH)_2/Si_4O_{10}]^xNa_x(H_2O)_4$
Kaolinit	$Al_4[(OH)_8/Si_4O_{10}]$

Vorläufig wurden von den Verf. 6 Mineralisationstypen ausgehalten. Obwohl sie z. T. fließend ineinander übergehen, sind sie auf Grund ihrer paragenetischen und morphologischen Eigenschaften meist deutlich voneinander zu unterscheiden:

1. sporadische Krokoiteinkristalle im stark zersetzten Serpentinit;
2. unregelmäßig verstreute Krokoiteinkristalle, Kluftbelege und Gangausfüllungen im stark kaolinisierten Granit;
3. spalten- und Hohlraumausfüllungen in den Silikophiten der Mylonitzone am östlichen Salband des Granitgangs;
4. konkretionsartige Krokoit-Pyromorphit-Vauquelinitbildungen in der Mylonitzone;
5. trum- und nesterartige Krokoitanreicherungen in den vermutlich ehemaligen Bleisulfid-führenden Trümern;
6. Krokoitbelege und -anreicherungen auf den in massiven Cerussit/Mimetesit umgewandelten Bleierztrümern und deren Nebengestein.

Krokoit

Innerhalb der Callenberger Krokoitvererzung ist Krokoit selbst mit Abstand das häufigste Erzmineral. Zum Liegenden nimmt der Krokoitgehalt allgemein deutlich ab. Der Krokoit ist durchgehend als mittel- bis grobkristallin zu bezeichnen. Feinstkörnige bzw. erdigdichte Massen, wie z. B. beim Pyromorphit, treten nicht auf.
Innerhalb der einzelnen Mineralisationstypen sind die Krokoitkristalle z. T. sehr unterschiedlich ausgebildet. Von völlig klaren hellroten durchsichtigen, stark glänzenden Kristallen über durchscheinende bis trübe, sowohl glänzende als auch stumpfe Kristalle reicht die Variationsbreite bis zu dunkelroten rauhen, oberflächenverätzten Kristallen. Zusammenhängende Kristallaggregate finden sich von feinsten Kluftbelegen (< 1 mm stark) bis zu mehreren cm-starken, völlig dichten spätigen Massen.
Bemerkenswert sind die gangförmigen, z. T. mehrere cm breiten Krokoitanreicherungen, die nicht selten von Quarz, der deutlich Barytnegative abbildet, begleitet werden.
Der gangförmige Charakter der Bleivererzung ist besonders gut an den Quarz-Mimetisit-Cerussit-Massen des im Liegenden auftretenden Mineralisationstyps 6 zu erkennen. Der bisherige Anschnitt des Krokoitvorkommens weist eine sehr auffällige Abnahme der Krokoitführung vom Hangenden zum Liegenden aus.
Eine röntgendiffraktometrische Kontrolle des Krokoits erfolgte an zwei charakteristischen, sich stark voneinander unterscheidenden Typen:

a) hellroter, stark glänzender Krokoit, typisch für die Mineralisationstypen 2, 3 und 5;
b) dunkelroter Krokoit mit dunkler, stumpfer Oberfläche, typisch für die Mineralisationstypen 4 und 6.

Die d-Werte der beiden Krokoittypen sind in den Tab. 1 und 2 aufgeführt. In beiden Fällen ergibt sich eine sehr gute Übereinstimmung mit den für Krokoit charakteristischen d-Werten, wie sie die ASTM-Kartei angibt.

Krokoit kristallisiert monoklin-prismatisch (Kristallklasse 2/m). Die Elemente betragen nach GOLDSCHMIDT (1897) $a:b:c = 0{,}9602:1:0{,}9171$, $\beta = 102{,}55°$ und die aus röntgenographischen Daten nach BRILL (1931) $a:b:c = 0{,}960:1:0{,}919$, $\beta = 102{,}55°$; als Raumgruppe wird $P\,2_1/n$ angegeben.
Zur kristallographischen Vermessung standen mehrere gut ausgebildete Kristalle zur Verfügung. Es wurden fünf Kristalle in der Größe von 0,5 bis 2 mm ausgewählt, die jeweils verschiedene Habitustypen charakterisieren.[1]) Vier Kristalle zeigen die gleiche Tracht aber haben verschiedenen Habitus, während ein Kristall eine andere Tracht und auch verschiedenen Habitus zeigt.
Bei den Kristallen 1 bis 4 ist die Prismenzone [001] ausgebildet. Bei den Kopfflächen sind {111} und $\{\bar{h}01\}$ dominierend. $\{\bar{h}01\}$ kann so dominierend sein, daß sie den Habitus bestimmt und den Eindruck tafeliger Kristalle erweckt (Kristall 3).
Durch starke Ausbildung der Flächen {110} kann der Eindruck eines rhombischen Kristalls entstehen (Kristall 2). Kristall 5 fällt durch eine deutlich andere Tracht auf. Durch ungefähr gleichstarke Ausbildung von {111} und $\{\bar{3}01\}$ wird der Eindruck eines rhomboedrischen Kristalls erweckt.
Die Messung der φ- und ϱ-Werte erfolgte auf dem ZRG 3 des VEB Freiberger Präzisionsmechanik. Für die Berechnung der Kristallelemente wurde die Methode von MOSES & ROGERS (1904) benutzt, die die Berechnung direkt aus den φ- und ϱ-Werten zuläßt. Zur Berechnung der Elemente wurden nur gut ausgebildete Flächen benutzt. a' wurde als Mittel aus den Winkeln von 15 Flächen, c' wurde als Mittel aus den Winkeln von 11 Flächen und β aus den Winkeln von 4 Flächen ermittelt. Eine Fehlerrechnung wurde durchgeführt.
Es ergeben sich folgende Elemente: $a:b:c = 0{,}961 \pm 0{,}007:1:0{,}918 \pm 0{,}006$, $\beta = 102{,}55° \pm 0{,}04°$.

[1]) Die Kristalle werden am Mineralogischen Museum der Humboldt-Universität Berlin aufbewahrt.

Tab. 1. d_{hkl}-Werte und Linienintensitäten des Minerals Krokoit
Fundort: Grube Callenberg Nord I, Callenberg/Sachs. Probennummer: 18 Rö.
Nähere Kennzeichnung: hellroter glänzender Krokoit

d_{hkl} in Å	Int.	Bemerk.	d_{hkl} in Å	Int.
5,40	4		2,085	8
5,05	12		2,050	5
4,94	12		2,016	2
4,36	14		1,997	8
4,23	3	Anglesit? 0	1,977	11
3,83	1	?	1,965	19
3,75	5		1,922	< 1
3,71	8		1,899	4
3,59	1	Cerussit?	1,857	8
3,47	> 100	Textur (200)	1,847	15
3,27	100		1,827	2
3,14	18		1,814	3
3,08	5		1,793	4
3,03	27		1,756	1
3,00	15		1,737	9
2,90	< 1	?	1,704	2
2,707	6		1,697	2
2,648	1		1,691	16
2,593	5		1,655	3
2,535	8		1,637	9
2,501	1		1,613	3
2,456	2		1,603	2
2,347	< 1		1,545	3
2,318	6		1,533	1
2,250	12		1,515	< 1
2,151	2		1,482	1
2,120	< 1		1,466	1

Tab. 2. d_{hkl}-Werte und Linienintensitäten des Minerals Krokoit
Fundort: Grube Callenberg Nord I, Callenberg/Sachs. Probennummer: 17 Rö.
Nähere Kennzeichnung: Dunkelroter Krokoit; Kristalle mit dunkler stumpfer Oberfläche

d_{hkl} in Å	Int.	Bemerk.	d_{hkl} in Å	Int.
5,43	5		2,154	2
5,07	9		2,090	8
4,95	10		2,049	3
4,37	13		2,014	2
3,85	< 1		2,002	4
3,75	5		1,981	9
3,72	6		1,969	17
3,63	1	?	1,899	3
3,48	60		1,859	8
3,28	100		1,848	13
3,15	15		1,817	4
3,09	5		1,797	3
3,03	21		1,759	1
3,01	16		1,707	2
2,707	8		1,695	9
2,648	1		1,657	3
2,593	4		1,638	5
2,543	9		1,614	2
2,505	2		1,604	2
2,462	1		1,571	< 1
2,350	2		1,542	2
2,321	6		1,535	1
2,253	12		1,482	1
2,210	4		1,469	1

Die Elemente stimmen innerhalb der Fehlergrenzen mit denen von GOLDSCHMIDT (1897) und BRILL (1931) überein. Dabei muß bemerkt werden, daß die Werte von GOLDSCHMIDT eine Genauigkeit vortäuschen, die bei Berücksichtigung eines statistischen Meßfehlers von $\pm 1'$ nicht zu erreichen ist, zumal der Meßfehler in die Berechnung von Elementen c' und a' aus einzelnen Flächen wegen des Auftretens von Winkelfunktionen in die Brechungsformeln sehr verschieden eingeht. Er liegt bei {111} Flächen bei $\pm 0{,}02$ und für {021} Flächen bei $\pm 0{,}04$.

Die φ- und ϱ-Werte, der an den einzelnen Kristallen auftretenden Flächen sind in Tab. 5 zusammengefaßt und mit denen von GOLDSCHMIDT verglichen. Die Indizierung erfolgte ebenfalls mit den Werten von GOLDSCHMIDT. Treten Flächen auf, die bei GOLDSCHMIDT nicht aufgeführt sind, so wurden sie mit Formeln von MOSES & ROGERS (1904) unter Verwendung der Elemente nach GOLDSCHMIDT nach einem trial- und error-Verfahren indiziert. Diese Flächen sind mit * versehen; die für die Berechnung der Elemente benutzten Flächen sind unterstrichen. Eine interessante Erscheinung ist die Variation der ϱ-Winkel für die hoch indizierten {$\bar{h}$01} Flächen. Es treten an verschiedenen Kristallen die Flächen ($\bar{7}$02), ($\bar{9}$02) und ($\bar{5}$01) auf. Diese Flächen sind stets schlecht ausgebildet, was bei solch hoch indizierten Flächen nicht ungewöhnlich ist. Die Lage dieser Flächen scheint von den thermodynamischen Bildungsbedingungen abhängig zu sein. Eine genauere Aussage läßt sich darüber nicht treffen, da die relative Lage der Stufen, von denen die gemessenen Kristalle stammen, innerhalb des Aufschlusses nicht mehr bekannt ist.

Pyromorphit

Pyromorphit ist in sehr unterschiedlicher Häufigkeit und Ausbildung in den Mineralisationstypen 3 bis 6 anzutreffen. Man findet ihn in zwei charakteristischen Ausbildungsformen; beide wurden röntgenographisch sicher identifiziert:

a) Mikroskopisch bzw. oft sogar makroskopisch erkennbare langprismatische hexagonale Kristalle, maximal bis 15 mm lang und bis 5 mm breit; sehr oft wirr verwachsene feinnadelige Kriställchen von hell- bis mittelgrüner Färbung; die größeren Kristalle sind dunkel- bis schwärzlichgrün.

b) feinstkörnige dichte, erdige bis splittrige Massen von kräftig gelber, schwach grünstichiger Färbung. Sie sind stets allseitig von wirr verwachsenen, oft relativ großen Krokoitkristallen umgeben (bis 2 cm lang). Dieser dichte Pyromorphit tritt ausschließlich im Mineralisationstyp 4 auf.

Mimetesit

Mimetesit konzentriert sich im wesentlichen auf die untersten Bereiche des bisher aufgeschlossenen Krokoitvorkommens, findet sich aber auch hin und wieder in den Spalten und Hohlräumen der krokoitführenden Silikophite. Es lassen sich drei Mimetesitvarietäten aushalten:

a) gelber bis roter, chrom- und phosphorhaltiger Mimetesit in Form fein- bis grobkristalliner Massen und Kristallrasen (flachpyramidale bis tönnchenförmige Kristalle).
Die gelbe Varietät ergab röntgendiffraktometrisch einen normalen, mit der ASTM-Kartei gut übereinstimmenden Mimetesit; der rote zeigte infolge erhöhten Phosphatgehalts d-Wert-Verschiebungen. Farbbestimmend ist offensichtlich der Chromgehalt, der beim gelben Mimetesit ca. 0,1%, beim roten ca. 1% beträgt.

b) rötlichbrauner phosphorhaltiger Mimetesit (Kampylit) in Form feinnadeliger, klarer, stark glänzender Kristalle. Röntgendiffraktometrisch und spektralanalytisch wurde ein Phosphormimetesit nachgewiesen.

c) weißlicher bis grauer Mimetesit, der in dichten Massen und zahlreichen kleinen Kristallen zusammen mit dichtem Cerussit und Quarz gangartig in den untersten Bereichen des Krokoitvorkommens auftritt. Der hohe Silbergehalt der schwärzlich verunreinigten Mimetesit—Cerussit—Quarz-Massen wird wahrscheinlich durch feinverteiltes kolloidal abgeschiedenes Silber hervorgerufen. Schwefel konnte nicht nachgewiesen werden, so daß Pb—Ag-Sulfidrelikte auszuschließen sind. Das Silberträgermineral konnte bisher nicht röntgenographisch identifiziert werden.

Vauquelinit und P-haltiger Fornacit

Vauquelinit ist im Callenberger Krokoitvorkommen relativ weit verbreitet, wenn auch meist nur in sehr geringen Mengen. Drei verschiedene Ausbildungsarten lassen sich deutlich voneinander unterscheiden.
Am weitesten verbreitet ist ein erdiger bis dichter, hell- bis mittelgrüner Vauquelinit. Die d-Werte sind in Tab. 3 zusammengefaßt. Er tritt außerdem in einer feinstrahlig-kristallinen, mittel- bis schwarzgrünen Varietät auf. Auch

Tab. 3. d_{hkl}-Werte und Linienintensitäten des Minerals Vauquelinit
Fundort: Grube Callenberg Nord I, Callenberg/Sa. Probennummer: 7 k_2. Nähere Kennzeichnung: Hellgelblichgrüner, erdiger Vauquelinit; d-Wertvergrößerung durch As-Einbau; As auch spektralanalytisch mit ca. 1% nachgewiesen; Quarzverunreinigung

d_{hkl} in Å	Int.	Bemerk.	d_{hkl} in Å	Int.	Bemerk.
8,20	14		$2{,}54_6$	3	
5,76	10	?	$2{,}50_1$	4	
5,11	2	?	$2{,}45_2$	8	Quarz
4,96	3	?	$2{,}41_4$	3	
4,77	56		$2{,}38_6$	3	
4,47	9		$2{,}31_5$	22	Quarz
4,26	12	Quarz	$2{,}15_4$	3	
4,09	15		$2{,}13_0$	4	Quarz
4,00	15		$2{,}09_7$	2	?
3,79	8		$2{,}06_2$	18	
3,71	21		$2{,}04_2$	12	
3,52	5	?	$2{,}00_4$	6	
3,48	(∼ 5)	?	1,983	9	(Quarz)
3,45	14		1,895	20	
3,34	90	Quarz	1,859	14	
3,30	100		1,819	12	(Quarz)
3,17	20		1,752 b	12	
3,04	10		1,697	3	
$2{,}97_0$	34		1,654 b	10	(Quarz)
$2{,}91_5$	53		1,593	8	
$2{,}78_4$	41		1,579	5	
$2{,}71_0$	32		1,542	4	Quarz
$2{,}59_6$	4		1,490 b	5	

in Form feinkörnigkristalliner graugrüner bis bräunlichschwarzer Überzüge und kleinnierigen Anreicherungen ist er recht verbreitet.
In dieser letztgenannten Ausbildung konnte in einem Falle phosphorhaltiger Fornacit nachgewiesen werden (Tab. 4), der bei dem hohen Arsenpotential der Callenberger Krokoitparagenese hier wahrscheinlich recht verbreitet ist.

Cerussit

Cerussit findet sich fast nur in den untersten Bereichen des Krokoitvorkommens in Form weißer bzw. meist hell- bis schwarzgrauer fettglänzender Massen, die innig mit ähnlich aussehendem Mimetesit und weißem bis dunkelgrauem Quarz verwachsen sind. Cerussitkristalle treten äußerst selten auf.

Bindheimit

In einigen zellig porösen Bereichen der krokoitführenden Silikophite tritt Bindheimit — röntgendiffraktometrisch sicher identifiziert — in Form hell- bis leuchtend gelber, erdigfeinstkörniger Anreicherungen auf. Der Bindheimit ist oft völlig verquarzt. Hervorzuheben ist sein zum Teil bemerkenswert hoher Silbergehalt (Coronguit).

Quarz

Quarz ist das häufigste Mineral innerhalb der Krokoitparagenese, zumal die krokoitführenden silifizierten Serpentinite fast nur aus feinkörnigem Quarz bestehen. Quarz tritt außerdem häufig als Verdrängungsmineral in Erscheinung und bildet damit zum Teil Feinheiten der ehemaligen Vererzungsstrukturen ab. Die weit verbreiteten nierig-schaligen Quarzbänder sind vermutlich primärer Natur. Stellenweise finden sich mm- bis cm-große gut ausgebildete Quarzkristalle.

Zur relativen Altersfolge der Minerale der Krokoitparagenese

Die Minerale der Krokoitparagenese lassen z. T. eine deutliche Bildungsabfolge erkennen. Die Relikte der vermutlich primären Vererzungsstrukturen lassen auf eine gangartige, baryt- und quarzführende Vererzung schließen. Baryt konnte bisher zwar noch nicht direkt nachgewiesen werden, es fanden sich jedoch gut erhaltene Barytnegative im Quarz. Quarz ist in seiner primären Ausbildung wohl zum großen Teil erhalten geblieben und bildet oft das Gerüst für die Sekundärminerale.

Als älteste Mineralbildung bei der Oxydation der Bleierzgänge sind die im Mineralisationstyp 6 verbreiteten Mimetesit-Cerussitmassen anzusehen. Etwa gleichaltrig bzw. wenig jünger sind die erdig-dichten bis dicht-fettglänzenden feinstkörnigen Pyromorphitmassen. Sie sind zumindest älter als der sie verdrängende Krokoit.
Die Bildung des Bindheimits erfolgte sehr wahrscheinlich ebenfalls vor der Kristallisation des Krokoits. Nach den Verwachsungsverhältnissen zu urteilen, sind der gelbe und rote Mimetesit gleichzeitig mit dem Krokoit entstanden. Etwa gleichzeitig mit dem Krokoit haben sich auch der arsenhaltige Pyromorphit und der phosphorhaltige Mimetesit (Kampylit) gebildet. Die sehr feinnadeligen, in igelartigen Gruppen und filzigen Belegen ausgebildeten Kampylitkriställchen sind dagegen eindeutig jünger als die Krokoitkristalle.
Sowohl die feinnadeligen, hell- bis mittelgrünen als auch die relativ dunkelgrünen Pyromorphitkristalle sind eindeutig jünger als der sie umgebende Krokoit. Auch die im massiven Krokoit verbreiteten Pyromorphitnester sind jüngere Bildungen; Verdrängungen sind nicht zu beobachten. Deutlich jünger als der Krokoit ist der erdige und feinstrahlig-kristalline Vauquelinit sowie der Fornacit. Besonders der erdige und feinstrahligkristalline Vauquelinit verdrängt recht intensiv den Krokoit.
Die jüngste Mineralneubildung ist ein feinkristalliner Quarz, der — wenn auch nur in geringem Maße und an wenigen Stellen — alle vorgenannten Minerale mit einem dünnen Rasen kleiner klarer Kristalle überzieht.

4. Zur Geochemie des krokoitführenden Bereichs

Die Kenntnis der mineralparagenetischen Verhältnisse des Callenberger Krokoitvorkommens gestattet Aussagen über die an der Mineralisation beteiligten Elemente.

Tab. 4. d_{hkl}-Werte und Linienintensitäten des Minerals Fornacit
Fundort: Grube Callenberg Nord I, Callenberg/Sachs. Nähere Kennzeichnung: Dunkelgraugrüner kleinnierig-feinkristalliner Fornacit, z. T. feinste Kriställchen; nach Spektralanalyse P-haltiger Fornacit (d-Werte sind z. T. auch niedriger als bei reinem Fornacit; ASTM 15-200)

d_{hkl} in Å	Int.	d_{hkl} in Å	Int.
8,23	8	$2{,}30_9$	20
4,77	54	$2{,}23_7$	3
4,48	8	$2{,}21_1$	3
4,41	8	$2{,}16_1$	3
4,26	5	$2{,}12_5$	4
4,12	11	$2{,}06_2$	19
4,02	18	1,981	9
3,78	(9)	1,894	22
3,72	25	1,855	10
3,48	15	1,815	8
3,36	(∼ 5)	1,794	7
3,31	100	1,750	15
3,20	20	1,695	5
3,05	14	1,672	7
$2{,}97_0$	36	1,655	10
$2{,}92_0$	45	1,595	9
$2{,}79_6$	44	1,582	6
$2{,}71_1$	34	1,540	2
$2{,}59_3$	3	1,521	3
$2{,}51_4$	4	1,501	3
$2{,}48_8$	4	1,482	3
$2{,}45_3$	4		

Tabelle 5

	Kristall 1		Kristall 2		Kristall 3		Kristall 4		Kristall 5		Werte nach GOLDSCHMIDT	
{hkl}	φ	ϱ	φ	ϱ	φ	ϱ	φ	ϱ	φ	ϱ	φ	ϱ
100	90 00	90 00	90 00	90 00	90 00	89 22					90 00	90 00
001	90 01	12 35	90 03	12 36							90 00	12 33
110	46 51	90 00	46 56	90 00	46 43	90 00	46 59	90 00			46 51	90 00
120	28 05	90 00	28 00	90 00	28 03	90 00					28 05	90 00
012			25 45	27 02							25 54	27 00
021							6 39	61 29			6 55	61 34
$\overline{1}01$			$\overline{89}$ 59	37 02			$\overline{89}$ 53	37 04			$\overline{90}$ 00	37 05
$\overline{3}01$									$\overline{90}$ 00	69 30	$\overline{90}$ 00	69 46
$\overline{7}02$	$\overline{90}$ 01	72 05									$\overline{90}$ 00	72 39*
$\overline{9}01$					$\overline{90}$ 00	76 26					$\overline{90}$ 00	76 32*
$\overline{5}01$							$\overline{89}$ 57	78 26			$\overline{90}$ 00	77 55
111	52 46	56 25	52 40	56 30	52 43	56 17	52 29	56 44	52 30	56 30	52 38	56 30
$\overline{1}11$			$\overline{40}$ 00	49 00							$\overline{39}$ 30	49 55
334			55 39	49 40							54 16	49 40*
331			49 49	75 04							48 56	76 34*
$\overline{3}11$							$\overline{71}$ 56	70 49			$\overline{71}$ 19	70 45

36 48 = 36° 48′ (Angaben in Grad/Minuten)

Es wurden fixiert:

Kationen

Blei	im Krokoit, Mimetesit, Pyromorphit, Vaquelinit, Fornacit, Bindheimit, Cerussit
Kupfer	im Vauquelinit, Fornacit
Silber	vermutlich im gediegen Silber (?), Coronguit
Eisen	im Goethit
Mangan	im Asbolan (Vernadit ?)

Kationen in Anionenkomplexen

Chrom	im Krokoit, Vauquelinit, Fornacit
Phosphor	im Pyromorphit, Vauquelinit
Arsen	im Mimetesit, Fornacit
Kohlenstoff	im Cerussit
Antimon	im Bindheimit

Die als Kationen in Anionenkomplexen gebundenen Elemente treten (bis auf Antimon) in ihrer jeweils höchsten Wertigkeitsstufe auf (Cr^{6+}, P^{5+}, As^{5+}, C^{4+} sowie Mn^{4+}, Fe^{3+}). Dies ist kennzeichnend für ein außergewöhnlich hohes Oxydationspotential, d. h. für ein hohes Sauerstoffangebot zur Zeit der Mineralbildungen. Einige Minerale (Mimetesit, Pyromorphit) führen Chlor.

In der durch hohe Oxydation ausgezeichneten Paragenese tritt praktisch kein Schwefel auf, weder sulfidisch gebundener, was verständlich ist, noch sulfatisch gebundener, z. B. Anglesit oder Baryt. Die Existenz von Cerussit zeigt an, daß offensichtlich der gesamte Schwefel, der vermutlich primär vorhanden war, in einer ersten Stufe zu Sulfat oxydiert und in einer zweiten durch in diesem Oxydationsbereich stabilere Anionenkomplexe verdrängt worden und vollständig in Lösung gegangen ist.

Ausgehend von den Mengenverhältnissen können folgende Elemente als spezifisch für das Mineralvorkommen angesehen werden:

erstrangig:	Pb, Cr
zweitrangig:	Cu, As
drittrangig:	Ag, Sb

Die darüber hinaus noch vorhandenen Elemente Fe, Mn, P, C und Cl geben keine Hinweise auf die konkreten Mineralisationsbedingungen, da sie generell relativ verbreitet sind.

5. Zur Entstehung des Krokoitvorkommens

Die zweifellos sekundäre, unter hohem Oxydationspotential gebildete Mineralparagenese und der gegenwärtig nur relativ geringe Teufenaufschluß lassen zur Zeit keine definitiven Schlußfolgerungen über die Primärmineralisation und damit über die Ausgangssubstanzen und Bildungsumstände der Oxydationsparagenese zu. Dennoch können auf der Grundlage einer Reihe von geologischen, mineralogischen und geochemischen Fakten einige vorläufige Bemerkungen zur Entstehung des Vorkommens gemacht werden.

Es kann davon ausgegangen werden, daß als Primärmineralisation ein Gang der saxonisch (mesozoisch-känozoisch) gebildeten fluorbarytischen Bleierzformation bzw. Baryt-Fluoritfolgengruppe mit Baryt, Galenit, Chalkopyrit und möglicherweise mit Arseniden und Antimoniden in dem tektonisch durch die Existenz von rheinischen und herzynischen Störungen sowie granitischen Gängen geprägtem Gebiet vorlag. Hinweise dafür sehen wir in der relativ hohen Bleianreicherung in der Mineralisation sowie in der Existenz von Negativen eines krummschaligen Baryts und vermutlichen Pseudomorphoserelikten von Cerussit und Quarz nach Galenit. Der Baryt-Galenit-führende Gang von Callenberg wird formationell dem Vorkommen von Niederwinkel entsprechen.

Im Rahmen der Bildung der hydrosilikatischen Nickelerze mit vermutlich tertiärem Alter (WERNER 1965) fanden intensive Umlagerungsvorgänge auch im Bereich der Baryt-Galenit-Mineralisation statt. Die tektonisch aufgelockerten Gebirgsteile waren für Elementmigrationen besonders prädestiniert. Durch die Nähe der Erdoberfläche stellten sich Bedingungen ein, die die Bildung von Mineralen mit hohem Oxydationsgrad zuließen.

An der Fixierung der Oxydationsparagenese nahmen dabei nicht nur Elemente des Baryt-Galenit-Gangs teil, sondern auch Elemente, die bei den Umwandlungsvorgängen des metabasitischen Nebengesteins zu Serpentinit, Silicophit und weiteren Zersatzprodukten mobilisiert wurden und in Lösung gingen. Dies betraf wahrscheinlich vor allem Chrom, Eisen und Mangan. Aus der Gangparagenese entstammen neben Blei wahrscheinlich Silber und Antimon sowie vermutlich Kupfer. Unter den besonderen Bedingungen des Zusammentreffens von Blei aus primär epigenetischen gangförmigen Bildungen und Chrom aus Metabasiten kam es zur Ausscheidung des geochemisch durchaus nicht gewöhnlichen Bleichromats. Die Paragenese mit Pyromorphit und Cerussit neben Eisen- und Manganoxyden, Quarz, Chalcedon sowie Kaolinit und Montmorillonit entspricht den Bedingungen der Bildung einer Oxydationszone für den spe-

Zeitschrift für angewandte Geologie, Bd. 24 (1978), Heft 4

ziellen Fall des Auftretens eines bleiführenden Ganges in metabasitischen Gesteinen.
Es scheint, daß die Hauptmasse des Krokoits mehr oberflächennah lokalisiert ist, die des Cerussits jedoch in tieferen Bereichen. Diese Verteilung kann ein Ausdruck einer gewissen zonalen Anordnung innerhalb der Oxydationszone sein. Für Pyromorphit, Mimetesit, Vauquelinit und Fornacit konnte bisher keine entsprechende Zonalität festgestellt werden. Ausgehend von den spezifischen Entstehungsbedingungen besteht die Möglichkeit, daß in dem Krokoitvorkommen noch folgende Minerale auftreten: Phosgenit — $Pb_2[Cl_2/CO_3]$, Olivenit — $Cu_2[OH/AsO_4]$, Vanadinit — $Pb_5[Cl/(VO_4)_3]$, Phönikokroit — $Pb_3[O/CrO_4]$, Duftit — $PbCu[OH/AsO_4]$, evtl. auch Plattnerit — PbO_2.
Olivenit ist vor allem in den tieferen, noch aufzuschließenden Bereichen zusammen mit dem massiven Mimetesit/Cerussit zu erwarten.

Das weitere Studium der ungewöhnlichen Oxydationsparagenese wird zweifellos dazu beitragen, die bereits bekannten Minerale noch exakter zu erfassen und weitere neue Minerale festzustellen.

Zusammenfassung

Am 3. 3. 1977 wurde im Erzhorizont des Nickeltagebaus Callenberg (Sachs.) ein Krokoitvorkommen angeschnitten. Die Krokoitmineralisation konzentriert sich auf den Kreuzungsbereich zweier, senkrecht zueinander stehender, stark zersetzter Granitgänge. Der Krokoit kommt hier sowohl in gut ausgebildeten Kristallen als auch in kompakten Massen vor. Als Begleitminerale treten auf: Vauquelinit, Pyromorphit, Mimetesit, Fornacit, Cerussit, Bindheimit, ? gediegen Silber, Quarz, Asbolan. Primäre Bleiminerale wurden bisher nicht gefunden. Mit großer Wahrscheinlichkeit ist anzunehmen, daß primär ein Gang der saxonisch gebildeten fluorbarytischen Bleierzformation mit Arseniden und x Antimoniden vorlag. Das Chromatanion ist aus den Chromiten der vermutlich im Tertiär intensiv verwitterten Serpentinite herzuleiten.

Резюме

3-го марта 1977г. было срезано в рудном горизонте открытой разработки никеля Калленберга местонахождение крокоита. Крокоитовая минерализация концентрируется на область пересечения двух, перпендикулярных друг другу сильно разложенных гранитовых даек. Крокоит встречается здесь как в виде хорошо выраженных кристаллов, так и в виде сплошных масс. В виде сопутствуюших минералов встречаются: вокелинит, пироморфит, миметезит, форнасит, церуссит, биндгеймит, ? самородное серебро, кварц, асболан. Первичных свинцевых минералов до сих пор еще не было найдено. Считается с большой вероятностью, что первично имелась жила саксонско образованной фторобаритовой свинцево-рудной формации с арсенидами и антимонидами. Анион хромата выводится из хромитов интенсивно выветрелых вероятно в третичном периоде серпентинитов.

Summary

A crocoite occurrence was cut in the ore horizon of the nickel open-cast mine of Callenberg (Saxony) on March 3, 1977, where the crocoite mineralization is concentrated on the area of intersection of two mutually perpendicular, highly decomposed granite lodes. The crocoite occurs both in well developed crystals and compact masses. Accessory minerals include vauquelinite, pyromorphite, mimetite, fornacite, cerussite, bindheimite, native silver, quartz, and asbolane. So far primary lead minerals have not been discovered. Most probably, there must have primarily been a lode of the Saxonian-formed fluorobarytic lead-ore formation with arsenides and antimonides. The chromate anion must be derived from the chromites of serpentinites presumably weathered intensively during the Tertiary.

Literatur

Brill, R.: Über das Gitter von Bleichromat. — Z. Kristall, 77, 506 (1931).
Goldschmidt, V.: Kristallographische Winkeltabellen. — 297 S., Berlin 1897.
Jubelt, R.: Petrotektonik und Lagerstättenbildungen silikatischer Nickelerze am Südrand des Sächsischen Granulitgebirges. — Ber. geol. Gesellsch. DDR, 2, 2, 71—92, Berlin 1957.
Moses, A. J.; Rogers, A. F.: Formeln und graphische Methoden zur Bestimmung von Kristallen auf Grund von Koordinatenwinkeln und Millerschen Indizes. — Z. Kristall., 38, 209 (1904).
Oelsner, O.; Tischendorf, G.: Über einige Mineralvorkommen im Pyroxengranulit von Hartmannsdorf bei Karl-Marx-Stadt. — Geologie, 6, 278—288, Berlin 1957.
Strunz, H.: Mineralogische Tabellen. — Leipzig 1970.
Werner, C. D.: Aufbau und Genese der Nickelhydrosilikatlagerstätten im Granulitgebirge. — Ber. geol. Gesellsch. DDR, 10, 5, 567—590, Berlin 1965.

SiO_2-Mobilisation und Quarzbildung beim Kaolinisierungsprozeß

Blankenburg, H.-J.; Rösler, H.J., Freiberg

1. Einleitung

In Fortsetzung unserer Untersuchungen zu einigen ausgewählten Problemen der Kaolingenese (s. Lasch 1973, Rösler u. a. 1974, Rösler, Pilot & Starke 1976) soll hier über erste Ergebnisse zur SiO_2-Mobilisation und Quarzbildung beim Kaolinisierungsprozeß berichtet werden. Wir beschränken uns dabei auf die Stoffbilanz und wollen noch keine darüber hinausgehenden Aussagen treffen.
Betrachtet man bei der Verwitterung nur die Feldspäte (Tab. 1), dann werden etwa 40% des SiO_2 der Feldspäte wieder für den Aufbau des neuen Minerals, des Kaolinits, benötigt.
Diese Tatsache, daß neben den Alkalien und dem Kalzium auch noch 60% des SiO_2 der Feldspäte bei der Kaolinisierung freigesetzt werden, hat wiederholt (Lerz & Borchert 1962, Rösler & Blankenburg 1968, Buchwald 1971), auch in jüngster Zeit, zu der Feststellung geführt, daß dieser Teil des SiO_2 zusammen mit den Alkalien und Erdalkalien weggeführt wird.
Im folgenden soll untersucht werden, ob die SiO_2-Mobilisierung bei der Verwitterung der Feldspäte zwangsläufig zu einer Migration der Kieselsäure aus dem Verwitterungssystem heraus führt, oder ob der 2. Prozeß nicht unbedingt dem 1. folgt. Wir betrachten dabei zuerst einmal nur die eigentliche Kaolinzone und nicht die Dreischichtmineral-Übergangszone zwischen dem Ausgangsgestein und dem Kaolin.

Veröffentlichung Nr. 689 der Bergakademie Freiberg, Sektion Geowissenschaften.
Eingang des Manuskripts in der Redaktion: 3. 8. 1977.

2. Vergleichende Stoffbilanz bei Porphyrkaolinen

In Auswertung verfügbarer Unterlagen über den Chemismus und den Phasenbestand von porphyrischen Gesteinen vom Territorium der DDR (Eissmann 1970, Wasternack 1963, 1964, Kühne 1976; Nebe 1970) wurde die durchschnittliche chemische und modale Zusammensetzung errechnet.
Ausgewertet wurden 32 chemische und 26 Phasenanalysen (s. Tab. 2). Es ergaben sich die in Tab. 3 erfaßten Durchschnittswerte für die chemische Zusammensetzung. Daraus läßt sich ein Modalbestand errechnen, wie er in Tab. 4 dem phasenanalytisch ermittelten gegenübergestellt ist. Dieser Vergleich zeigt für Quarz, Gesamtfeldspatanteil und Chlorit/Biotit sehr gute Übereinstimmung der Zahlen-

Tab. 1. Freisetzung des SiO_2 bei der Verwitterung der Feldspäte und teilweise Bindung an den sich neu bildenden Kaolinit (Angaben in Masse-%)

	Orthoklas	davon im Kaolinit	davon als gelöste Oxide
SiO_2	64,8	21,6	43,2
Al_2O_3	18,3	18,3	—
K_2O	16,9	—	16,9
H_2O	—	6,5	—
	100,0	46,4	60,1

→ 67% des SiO_2 werden frei

	Plagioklas mit 30% An	davon im Kaolinit	davon als gelöste Oxide
SiO_2	61,2	29,2	32,0
Al_2O_3	24,7	24,7	—
Na_2O	8,1	—	8,1
CaO	6,0	—	6,0
H_2O	—	8,7	
	100,0	62,6	46,1

→ 52% des SiO_2 werden frei

Tab. 2. Anzahl der ausgewerteten Porphyranalysen

	Chemische Analyse	Phasenanalyse
Quarzporphyre	18	7
Pyroxenquarzporphyre	9	13
Pyroxengranitporphyre	5	6
	32	26

Tab. 3. Mittlerer Chemismus von 32 Porphyren der DDR

Oxide	Anzahl d. Analysen	Chemismus (Masse-%)
SiO_2	29	69,4
TiO_2	29	0,5
Al_2O_3	27	14,0
Fe_2O_3	27	2,1
FeO	26	2,0
MnO	17	0,02
MgO	29	1,0
CaO	29	1,8
K_2O	32	4,8
Na_2O	32	2,3
H_2O^+	17	1,3
CO_2	21	0,6
P_2O_5	23	0,17
S	17	0,17
		100,16

Tab. 4. Mittlerer Modalbestand von 26 verschiedenen porphyrischen Gesteinen im Vergleich zum Modalbestand, der aus 32 chemischen Porphyranalysen errechnet wurde (Angaben in Masse-%)

Minerale	errechnet aus Chemismus	Phasenanalyse gesamt	Grundmasse	Einsprengling
Quarz	29,8	29,3	22,4	6,9
Plagioklas mit 30% An	29,8	19,0	1,8	17,2
K-Feldspat	27,8	41,0	27,9	13,1
Chlorit/Biotit	7,6	7,7	3,5	4,2
Pyrit	0,6	1,5	0,4	1,1
Siderit	1,6	Erz 1,2	0,8	0,4
Rutil	0,5	n. b.		
Kaolinit	2,3	n. b.		

Tab. 5. Durchschnittlicher Chemismus von 32 verschiedenen porphyrischen Gesteinen und der Porphyrrohkaoline (Angaben in Masse-%)

	Porphyr	Rohkaolin n. STÖRR & SCHWERDTNER (1975) (3 Anal.)	Rohkaolin K12	Rohkaolin theoretisch bei SiO_2-Wegfuhr	Rohkaolin theoretisch bei SiO_2-Verbleib
SiO_2	69,4	75,4—78,4	78,6	65,5	76,7
(davon Quarz)	29,8	56,0—60,0	59,6	40,6	56,3
Al_2O_3	14,0	15,6—17,2	13,7	19,0	15,5
FeO	6,2	0,50	0,6	5,6	0,0
TiO_2	0,5	0,15	n. b.	0,7	0,0
Erdalkalioxide	2,8	0,8—1,0	0,5	1,4	1,1
Alkalioxide	7,1	—	—	—	—
H_2O + Rest	2,2	5,6—6,6	6,6	7,8	5,9

Tab. 6. Durchschnittlicher Modalbestand von 26 verschiedenen porphyrischen Gesteinen und der Porphyrrohkaoline (Angaben in Masse-%)

	Porphyr 1)	Porphyr 2)	Rohkaolin n. SCHWERDTNER (1975) durchschnittlicher Modalbestand	Rohkaolin K12	Rohkaolin theoretisch bei SiO_2-Wegfuhr	Rohkaolin theoretisch bei SiO_2-Verbleib
Quarz	29,8	29,3	55—75	59	40,6	56,3
Plagiokl.	29,8	19,0				
K.-Feldsp.	27,8	41,0				
Kaolinit	2,3	—	10—40	32	45,0	34,0
Chlor./Biotit	7,6	7,7				
Ill.-Mont.-WL-Minerale			< 2—15	9	10,4	8,0
Sonstige	2,7	2,7			4,0	1,7

1) Porphyrmodalbestand, errechnet aus dem Chemismus von 32 Einzelanalysen
2) Porphyrmodalbestand, phasenanalytisch an 26 verschiedenen Porphyren ermittelt

Tab. 7. Chemismus des Granodiorits und des Rohkaolins von Caminau (Angaben in Masse-%)

	Granodiorit	Rohkaolin n. STÖRR & BUCHWALD (1975)	Rohkaolin, theoretisch bei SiO_2-Wegfuhr	Rohkaolin, theoretisch bei SiO_2-Verbleib
SiO_2	67,0	62,0—64,5	62,5	71,0
davon Quarz	27,0	30,0—40,0	37,5	52,0
Al_2O_3	15,1	19,0—22,9	21,0	16,0
FeO	7,0	7,0— 9,0	7,4	5,6
TiO_2	0,7	0,5— 1,0	1,0	0,8
Erdalkalioxide	4,1	0,3— 1,2	2,4	1,9
Alkalioxide	7,1	0,4— 0,6	0	0
H_2O	1,2	8,3— 9,5	5,7	4,7

Tab. 8. Modalbestand des Granodiorits und des Rohkaolins von Caminau (Angaben in Masse-%)

	Granodiorit	Rohkaolin n. STÖRR & BUCHWALD (1975)	Rohkaolin, theoretisch bei SiO_2-Wegfuhr	Rohkaolin, theoretisch bei SiO_2-Verbleib
Quarz	27	30—40	37,5	52,0
Plagioklas	39			
K—Na-Feldspat	22,5			
Kaolinit		45—60	56,5	35,5
Dreischichtminerale	11	3	5	12
Akzessorien	0,5			
Siderit		5		

werte. Innerhalb der Feldspäte gibt es aber merkliche Abweichungen. Die Umrechnung der chemischen Analysen ergab 29,8% Plagioklas mit 30% Anorthitanteil und 27,8% K-Feldspat; die Phasenanalyse dagegen zeigt 19% Plagioklas und 41% K-Feldspat. Interessanterweise wurde durch die phasenanalytische Bestimmung der Einsprenglinge ebenfalls eine geringe Plagioklasvormacht ermittelt, jedoch in der Grundmasse soll fast kein Plagioklas enthalten sein. Diese Differenz zwischen den Umrechnungswerten aus der chemischen Analyse und den Phasenbestimmungen gilt es noch zu klären.

Über Porphyrrohkaoline liegen ebenfalls chemische und Phasenanalysen vor (STÖRR & SCHWERDTNER 1975, SCHWERDTNER 1975, SCHWERDTNER & BUCHWALD 1969). In den Tab. 5 und 6 werden diese Daten den Zahlenwerten der Porphyranalysen gegenübergestellt. Die Probe K 12 ist eine von uns in die Untersuchungen über die SiO_2-Mobilisation einbezogene Kaolinprobe aus dem Tagebau „Glückauf" der Kemmlitzer Lagerstätte.

In den Tab. sind weiterhin die theroretischen Werte für den Kaolin enthalten, die, unter Zugrundelegung der Porphyranalysen, errechnet werden können bei folgenden Annahmen:

1. Etwa 60% des bei der Verwitterung der Feldspäte mobilisierten SiO_2 migriert aus dem Kaolin heraus und
2. die gesamte freiwerdende Kieselsäure migriert nicht und scheidet sich im Kaolin als Quarz ab.

Der Vergleich zeigt für den Chemismus der Porphyrrohkaoline unter den genannten Voraussetzungen,

— daß das SiO_2 im Kaolin verbleibt und
— daß das Fe, Ca und die Alkalien den Kaolin verlassen.

3. Untersuchungsmethodik, Ergebnisse und deren Interpretation

Untersucht wurde die Kaolinprobe K 12 aus Kemmlitz chemisch und röntgenographisch. Der Chemismus und der Modalbestand ist in den Tab. 5 und 6 enthalten.

Für Rasterelektronenuntersuchungen wurde die Probe unaufbereitet und präpariert eingesetzt. Die Präparation erfolgt mit destilliertem Wasser 24 h, Zerdrücken von Hand, Behandlung mit Ultraschall, Naßsiebung bei 63 µm und weiterer Fraktionierung durch Sedimentation sowie Trocknung bei Raumtemperatur.

Die Proben sind mit dem japanischen Rasterelektronenmikroskop ISM-50A bei einer Strahlspannung von 25 kV und einer

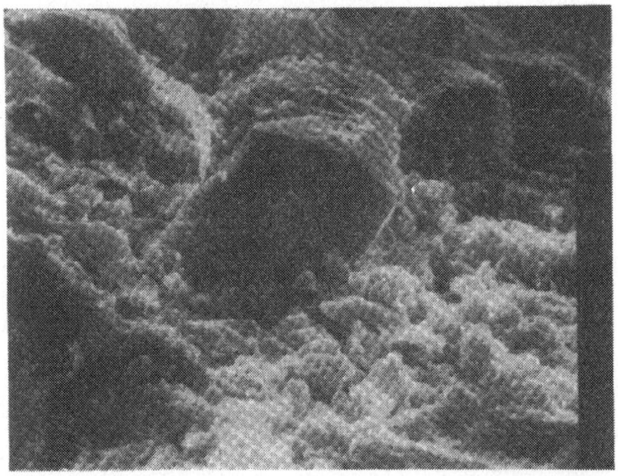

Abb. 2. Quarzkristall in kaolinitischer Matrix. Probe K 12 unklassiert. Vergr. 2000:1

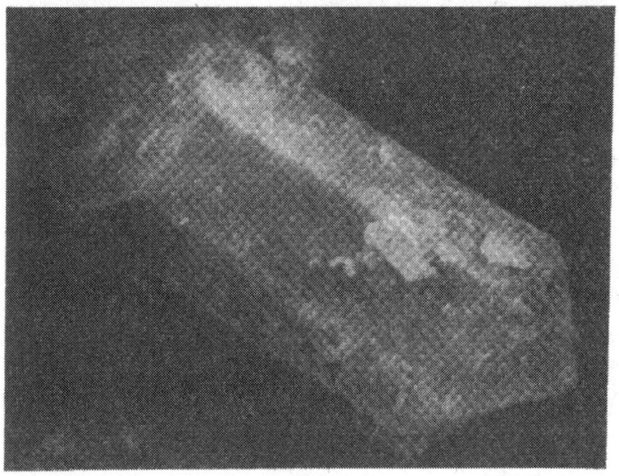

Abb. 3. Quarzkristall. Probe K 12, Fraktion 20···63 µm. Vergr. 1500:1

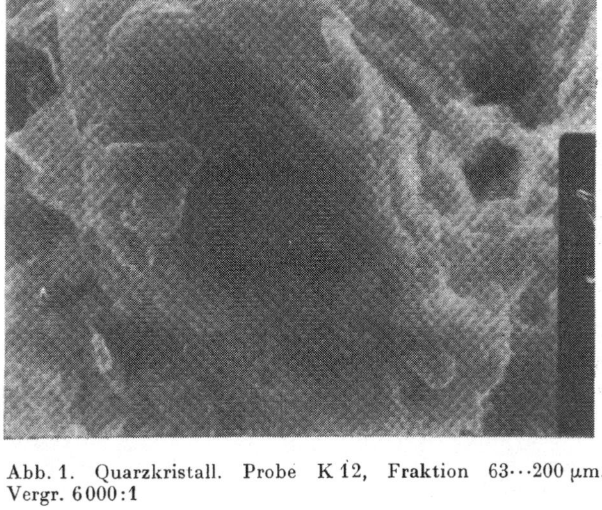

Abb. 1. Quarzkristall. Probe K 12, Fraktion 63···200 µm. Vergr. 6000:1

Abb. 4. Quarzkristall in kaolinitischer Matrix. Probe K 12. Fraktion > 200 µm. Vergr. 1000:1

Stromstärke von $4 \cdot 10^{-11}$ A durch Sekundärelektronenabbildung aufgenommen worden. Das Gerät erreicht unter diesen Bedingungen ein Auflösungsvermögen von maximal 100 Å (bei den Tonmineraluntersuchungen dürfte es bei etwa 250 Å gelegen haben), und der Tiefenschärfenbereich hat etwa den Wert der Länge der schmalen Bildkante entsprechend der jeweiligen Vergrößerung.

Die vorliegenden Fraktionen wurden auf einen mit Carboxymethylzelluloselösung bestrichenen Messingprobehalter aufgestreut und das nicht fest haftende Material abgeklopft. Danach erfolgte im Vakuum von $1 \cdot 10^{-5}$ Torr eine Kohlenstoffbedampfung der Proben von zwei Seiten. Die aufgedampfte Schicht hat eine Schichtdicke von etwa 100 Å bis 400 Å. Mit der Bedampfung ist die Präparation abgeschlossen.

Von dem unklassierten Rohkaolin wurde ein etwa 1/2 cm³ großes Stück abgebrochen und mit der frischen Bruchfläche nach oben auf einen Messingprobeträger mit Duosan aufgekittet. Anschließend wurde die Probe mit Kohlenstoff bedampft.

Mit den folgenden Abb. 1 bis 5 soll gezeigt werden, daß ein Teil der im Porphyr bei der Kaolinisierung der Feldspäte mobilisierten Kieselsäure in Form von Quarzneubildungen nachweisbar ist; auffällig ist die starke Wachstumsbehinderung durch Kaolinit. Von diesen Kristallen liegen bisher nur diese Rasteraufnahmen vor, eine Separierung und separate Untersuchung ist bisher noch nicht gelungen. Die Ausmessung der Quarzneubildungen auf den Rasteraufnahmen ergibt eine Längserstreckung dieser Kristalle von 18 bis 75 µm.

Stellt man die Masse-%-Anteile der einzelnen Korngrößen des Porphyrrohkaolins graphisch dar (Abb. 6), zeigt sich bei der Körnung 20 bis 63 µm ein deutliches Maximum, das mit der ausgemessenen Größe der Quarzneubildung gut übereinstimmt.

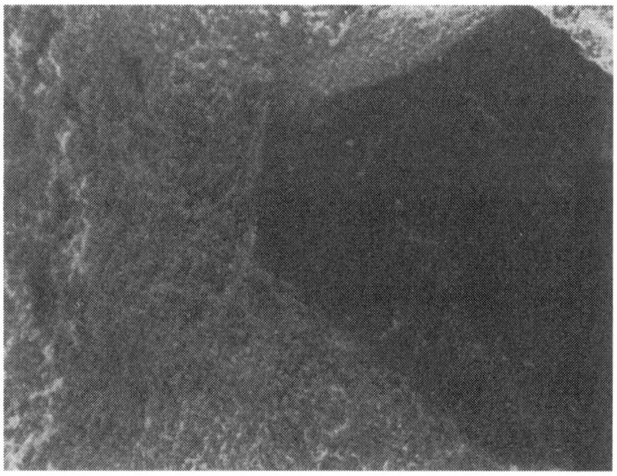

Abb. 5. Primärporphyrquarz im Kaolin. Probe K 12, Vergr. 200:1

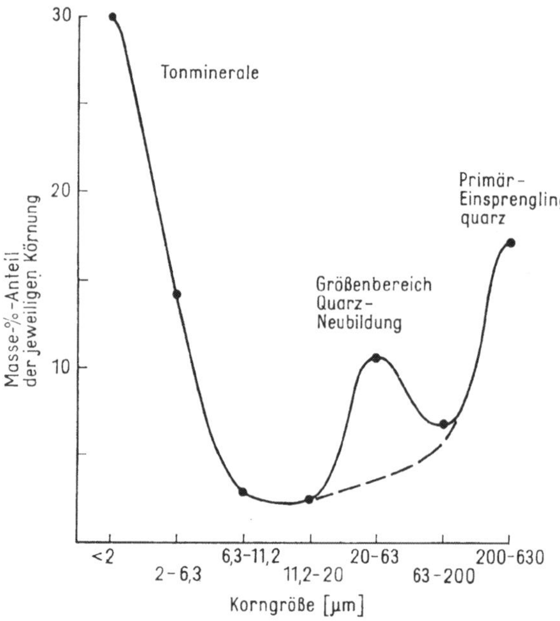

Abb. 6. Korngrößenverteilung von Porphyr-Rohkaolin des Kemmlitzer Reviers (Mittelwerte von 4 Körnungsanalysen, Tagebaue Frieden und Glückauf, nach STÖRR & SCHWERDTNER 1975)

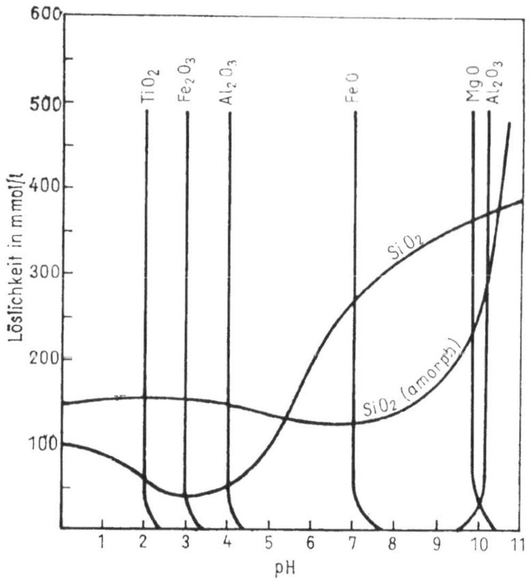

Abb. 7. Löslichkeit einiger wichtiger Oxide in Abhängigkeit vom pH-Wert (nach CORRENS 1949)

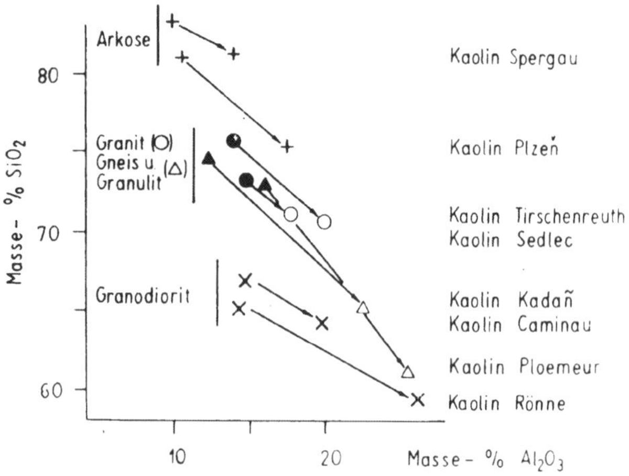

Abb. 8. Das Verhältnis SiO_2 zu Al_2O_3 verändert sich bei der Kaolinisierung von Arkosen, Graniten, Granodioriten, Gneisen und Granuliten gleichartig; ein Teil des freiwerdenden SiO_2 wird weggeführt.

Welche stofflichen Bedingungen könnten bei der Kaolinisierung der Porphyre vorgelegen haben?

Abb. 7 zeigt die Löslichkeit einiger wichtiger Oxide in Abhängigkeit vom pH-Wert (nach CORRENS 1949). Da

Al_2O_3 und SiO_2 im Kaolinit und Quarz fixiert sind, das Eisen aber migrieren konnte, müßte

1. der pH-Wert zwischen 4 und 7 gelegen und

2. das gesamte Eisen unter entsprechenden (reduzierenden) Bedingungen als Fe^{2+} vorgelegen haben.

Wenn man annimmt, daß zu Beginn der Feldspatverwitterung ein basisches Milieu herrschte, könnte durch die Auflösung der Quarzsubstanz aus der Grundmasse der Porphyre und durch die Wegfuhr der Alkalien eine Senkung des pH-Werts stattgefunden haben. Das reduzierende Milieu ist eventuell auf die Dissoziation des Wassers in H^+ und OH^- zurückzuführen. Das OH^- ist zur Kaolinitentstehung notwendig; die Wasserstoffionen reduzieren dreiwertiges Eisen.

Die Verminderung des pH-Werts führt zur Unterschreitung des Löslichkeitsprodukts für Al_2O_3 und SiO_2, wobei im schwach alkalischen Milieu zuerst Illit-Montmorillonit-Wechsellagerungsminerale, dann Kaolinit und Quarz ausgeschieden werden. Die Quarzneubildung ist demnach syngenetisch, wobei es zu Verdrängungen des Kaolinits und zum Einbau der Tonmineralblättchen in den Quarzen gekommen sein kann.

Es ist damit zu rechnen, daß die Quarzneubildungen mechanisch leicht zerstörbar sind. Bei der Aufbereitung in der Dickstoffkreiselpumpe gelangt diese Quarzsubstanz in den Schlämmkaolin. Nach SCHWERDTNER (1975) enthält der Schlämmkaolin 15 bis 20 Masse-% Quarz, diese Menge entspricht in etwa der bei der Kaolinisierung der Feldspäte anfallenden „freien Kieselsäure".

Wäre es möglich, den Aufbereitungsprozeß schonender zu gestalten, könnte eventuell der Quarzgehalt im Schlämmkaolin gesenkt werden, falls das beabsichtigt ist.

4. Vergleich der Granodiorit-, Porphyr- und Pechsteinrohkaoline

Vom Granodiorit und vom Granodioritrohkaolin Caminau liegen Analysen von BUCHWALD (1967), STÖRR & BUCHWALD (1975) u. a. vor (siehe Tab. 7 und 8). Errechnet man auch hierfür die theoretische Zusammensetzung des Kaolins bei der Annahme der SiO_2-Mobilisation und Wegfuhr bzw. Verbleib, dann ergibt sich im Vergleich zu den chemischen Analysen,

— daß im Caminauer Granodioritkaolin die freiwerdende Kieselsäure z. T. weggeführt wurde und

— der Eisen- und Titangehalt im wesentlichen im Kaolin verblieb.

Die Tab. 8 zeigt die entsprechenden Modalbestandsangaben. Dieser Vergleich läßt folgende Aussagen zu:

a) Der Quarzgehalt im Kaolin besteht im wesentlichen aus dem Primärquarz des Granodiorits.

b) Die Dreischichtminerale, vor allem Biotit, wurden abgebaut, und es wurden nur wenig Wechsellagerungsminerale neugebildet.

c) Das Eisen ist als Fe^{2+} im Siderit gebunden.

Interpretiert man dieses Ergebnis mit dem Löslichkeitsdiagramm der Oxide nach CORRENS (1949) bei unterschiedlichem pH-Wert, dann ergibt sich ein pH-Wert der Kaolinbildung von $\geqq 7$.

Eine Gegenüberstellung des Modalbestands und des Chemismus der Kaolin-Ausgangsgesteine (Tab. 9) zeigt,

Tab. 9. Gegenüberstellung des Modalbestands und des Chemismus der Kaolinausgangsgesteine (Angaben in Masse-%)

	Porphyrische Gesteine theoretisch aus Chemismus	Porphyrische Gesteine Phasenanalyse	Granodiorit Caminau
Quarz	29,8	29,3	27
Plagioklas	29,8	19,0	39
Alk.-Feldspat	27,8	41,0	22,5
Chlorit/Biotit	7,6	7,7	11
Kaolinit	2,3		
Akzessorien	2,7	2,7	0,5
SiO_2	69,4		67,0
TiO_2	0,5		0,7
Al_2O_3	14,0		15,1
Fe_2O_3	2,1		1,7
FeO	2,0		3,6
MgO	1,0		1,4
CaO	1,8		2,9
K_2O	4,8		3,5
Na_2O	2,3		3,6
H_2O	1,3		1,2

Tab. 10. Gegenüberstellung des Modalbestands und des Chemismus der Kaoline verschiedener Ausgangsgesteine (Angaben in Masse-%)

	Rohkaoline: Porphyrische Gesteine theoretisch bei SiO_2-Verbleib	Rohkaoline: Porphyrische Gesteine n. SCHWERDTNER 1975 u. n. STÖRR & SCHW. (1975)	Rohkaoline: Granodiorit Caminau n. STÖRR/BUCHWALD (1975)
Quarz	56,3	55—75	30—40
Kaolinit	34,0	10—40	45—60
Dreischichtminerale	8,0	< 2—15	3
Siderit			5
SiO_2	76,7	75,4—78,4	62,0—64,5
TiO_2	0	0,1—0,2	0,5—1,0
Al_2O_3	15,5	15,6—17,2	19,0—22,9
FeO	0	0,5—0,6	7,0—9,0
Erdalkalioxide	1,1	0,8—1,0	0,3—1,2
H_2O + Rest	5,9	5,5—6,4	8,3—9,5

Tab. 11. Übersicht über die Unterschiede der Kaolin-Ausgangsgesteine und der Roh- bzw. Schlämmkaoline

Kaolin auf den Ausgangsgesteinen Porphyr	Granodiorit
Ausgangsgesteine	
— prophyrische Struktur, Anteil Grundmasse 57%	— gleichkörnig, mittelkörnig
— höherer K-Feldspatgehalt	— höherer Plagioklas- und Dreischichtmineralgehalt
— etwas höherer SiO_2-Gehalt	— etwas höherer Erdalkali- und Eisengehalt
Rohkaolin	
— bei der Kaolinisierung freiwerdendes SiO_2 bleibt als Quarz im Kaolin	— freiwerdendes SiO_2 wird weggeführt
— Eisen und Titan werden weggeführt	— Eisen und Titan bleiben im Kaolin zurück (Fe als $FeCO_3$)
— Wechsellagerungsminerale werden z. T. neu gebildet	— Abbau der Dreischichtminerale
Schlämmkaolin	
— Quarzgehalt 15···20%	— Quarzgehalt 2%
— Gehalt an Illit-Montmorillonit-WL-Minerale 3···30%	— Gehalt an Illit und Muskovit 7···13%
— Kornanteil < 2 µm 53%	— Kornanteil < 2 µm 37%

daß der Granodiorit mehr Plagioklas und Dreischichtminerale, die Porphyre dagegen mehr K-Feldspat enthalten; der Gesamtfeldspatgehalt ist annähernd gleich. Auch der Chemismus zeigt nur geringfügige Unterschiede.
Die Gegenüberstellung des Modalbestands und des Chemismus der Kaoline verschiedener Ausgangsgesteine (Tab. 10) zeigt, daß trotz des annähernd gleichen Chemismus der Ausgangsgesteine die chemische Zusammensetzung der Rohkaoline bedeutende Unterschiede aufweisen. Der Porphyrrohkaolin ist SiO_2-reicher und FeO-ärmer.
Stellt man die Unterschiede der Kaolinausgangsgesteine, der Roh- bzw. Schlämmkaoline noch einmal zusammen, dann ergibt sich die Übersicht in Tab. 11.

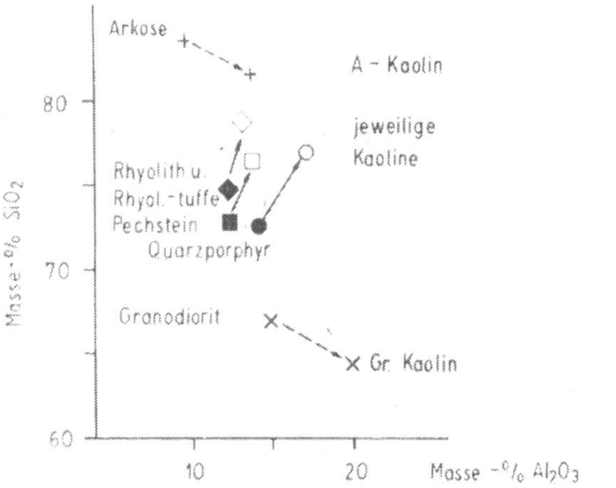

Abb. 9. Das Verhältnis SiO_2 zu Al_2O_3 verändert sich bei der Kaolinisierung von Rhyolithen, Pechsteinen und Quarzporphyren andersartig als bei der Kaolinisierung der Arkosen und Granodiorite; es kommt bei ersteren nicht zur Wegfuhr des freiwerdenden SiO_2.
(Angaben zu dem Rhyolith bzw. zu den Rhyolithtuffen nach VARJU 1968; die anderen Angaben zu den anderen Gesteinen sind der Arbeit von STÖRR, SCHWERDTNER & BUCHWALD 1968 entnommen.)

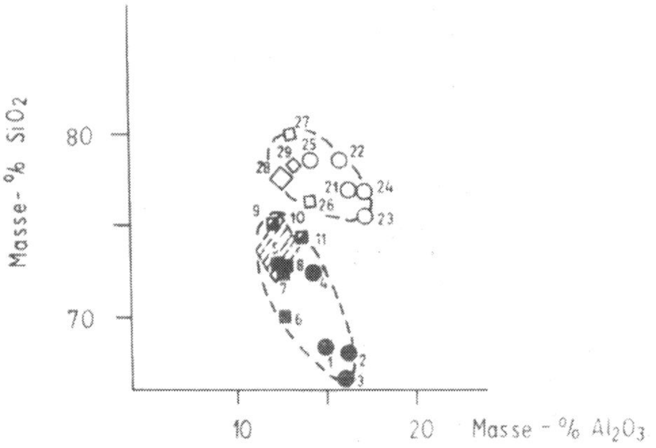

Abb. 10. Das Verhältnis SiO_2 zu Al_2O_3 verändert sich bei der Kaolinisierung der sauren Ergußgesteine gleichartig; die Streufelder der Einzelanalysen überlappen sich nicht.
Die Analysennummern bedeuten:
1, 2, 3 – Rochlitzer Quarzporphyr nach EISMANN (1970); 4 – Rochlitzer Quarzporphyr nach STÖRR, SCHWERDTNER & BUCHWALD (1968); 5 – Meißner Pechstein nach STÖRR, SCHWERDTNER & BUCHWALD (1968); 6, 7, 8 – Meißner Pechstein nach REINISCH (1928); 9 – Dobritzer Quarzporphyr nach KÜHNE (1976); 10 – Rhyolith und Rhyolithtuffe nach VARJU (1968); 11 – Dobritzer Quarzporphyr, 21 – Kaolin Gröpendorf und 22, 23 – Kaolin Kemmlitz nach STÖRR & SCHWERDTNER (1975); 24 – Kemmlitzer Kaolin und 26 – Kaolin Seilitz nach STÖRR & SCHWERDTNER (1975); 25 – Kemmlitzer Kaolin – eigene Analyse; 27···29 – Rhyolithkaoline aus dem Tokaj-Gebirge nach VARJU (1968)

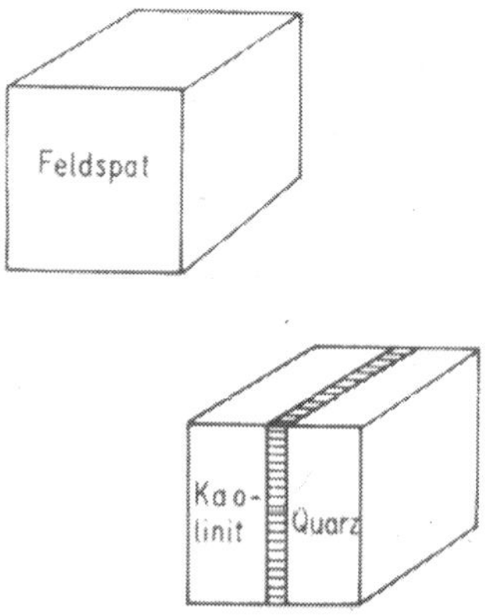

Abb. 11. Volumenvergleich zwischen einem vorgegebenen Feldspatvolumen und dem bei der Kaolinisierung daraus entstehenden Kaolinit- und Quarzvolumen. Der gestrichelte Bereich entspricht dem Volumenschwund, der durch die Alkali- und Erdalkaliwegfuhr auftritt.

Tab. 12. Zusammenfassende Darstellung der Unterschiede zwischen Granodioriten, Quarzporphyren und Pechsteinen als Faktoren der Kaolinisierung.

GRANODIORIT ⟶ PORPHYR ⟶ PECHSTEIN

Wesentliche Faktoren der Kaolinisierung

GRANODIORIT	PORPHYR	PECHSTEIN
Zunahme der Feinkörnigkeit		
(mittelkörnig)	(mittelkörn. Einsprenglinge, sehr feinkörnige Grundmasse)	(überwiegend glasig)
Starke Abnahme der hydrolytischen Beständigkeit		
Zunahme der Löslichkeit von SiO_2		
(Quarze werden nur angelöst)	(Quarze d. Grundmasse – 22,4 von 29,3% – werden vermutl. aufgelöst)	(gesamtes SiO_2 wird gelöst)
Verminderung des pH-Werts		
(> 7)	(~ 7)	(< 7)
Abnahme der Migration von SiO_2		
(Wegfuhr)	(Fixierung als Quarz und in WL-Mineralen)	(Fixierung in WL-Min. u. als Quarz)

Geringere Bedeutung

Zunahme SiO_2-, Abnahme Erdalkaligehalt		
Abnahme des Plagiokalsgehalts		

Mit den Abb. 8 bis 11 soll gezeigt werden, daß die teilweise Wegfuhr der Kieselsäure für Arkose-, Granit-, Granodiorit-, Gneis- und Granulitkaolinverwitterungsprofile typisch ist und daß die Kristallisation des freien SiO_2 im Kaolin bei Quarzporphyren und Pechsteinen stattfindet. In Abb. 10 ist die Streubreite des $SiO_2:Al_2O_3$-Verhältnisses der Quarzporphyre bzw. Pechsteine und der daraus entstandenen Kaoline dargestellt; die beiden Felder überlappen sich nicht. In Abb. 11 wird versucht zu zeigen, welche Volumenanteile Kaolinit und Quarz aus einem vorgegebenen Feldspatvolumen entstehen. Bei teilweiser SiO_2-Wegfuhr bedeutet das einen beträchtlichen Volumenschwund.

Die zusammenfassende Auswertung aller Ergebnisse unter Einbeziehung der Pechsteinkaoline ermöglicht folgende Aussagen (siehe Schema Tab. 12):

Vom Granodiorit über den Porphyr zum Pechstein

- nimmt die Feinkörnigkeit der Kristalle zu,
- die hydrolytische Beständigkeit ab und
- die Löslichkeit des SiO_2 zu. Während die Quarze im Granodiorit nur korrodiert werden (BUCHWALD 1971), werden die der Porphyrgrundmasse vermutlich aufgelöst, und im Pechstein liegt das gesamte SiO_2 gelöst vor.

In der gleichen Folge ist deshalb

- mit einer Abnahme des pH-Werts und
- der Migrationsmöglichkeit des SiO_2 zu rechnen.

So könnten eventuell die komplizierten Löse- und Kristallisationsvorgänge bei der Kaolinisierung verschiedener Ausgangsgesteine erklärt werden.[1])

[1]) Die rasterelektronenmikroskopischen Untersuchungen wurden an der Hochschule für Architektur und Bauwesen, Weimar, von Herrn Dr. Lange durchgeführt, wofür wir ihm an dieser Stelle nochmals recht herzlich danken möchten.
Gedankt sei weiterhin den Kollegen Doz. Dr. Starke, Dr. Klemm und der Studentin Natusch für die Unterstützung bei dieser Arbeit.

Zusammenfassung

Im Beitrag wurde versucht, anhand von Untersuchungen auf dem Gebiet der Kaolingenese aus Porphyr, Granodiorit und Pechstein den Entstehungsprozeß des Kaolins darzustellen, mit dem Resultat, daß trotz ähnlichen Chemismus der betrachteten Gesteine im Chemismus der entstandenen Rohkaoline bedeutende Abweichungen auftraten. Mit Hilfe der gewonnenen Ergebnisse lassen sich die komplizierten Löse- und Kristallisationsvorgänge bei der Kaolinisierung unterschiedlicher Ausgangsgesteine zum großen Teil erklären.

Резюме

В статье попытается, на основе исследований на области генезиса каолина из порфира, гранодиорита и цехштейна представлять процесс происхождения каолина с таким результатом, что не смотря на похожий химизм рассмотренных пород в химизме образованных сырых каолинов выступили значительные отклонения. При помощи полученных результатов можно объяснить в большинстве сложные процессы растворения и кристаллизации при каолинизации различных исходных пород.

Summary

By means of studies of the genesis of kaolin from porphyry, granodiorite and pitchstone an attempt was made to describe the process of kaolinization. As a result, considerable differences were found in the chemism of the raw kaolins formed, in spite of the similar chemism of the rocks considered. By means of these results the intricate processes of dissolution and crystallization taking place during the kaolinization of different source rocks can largely be explained.

Literatur

ALMEBORG, J.; BONDAM, J.; HELLER, E.: Kaolin Deposits of Denmark. — XXIII. Intern. Geol. Congress Praha, 15, 75—84, Prag 1968.

BUCHWALD, J.: Zur Geologie der Kaolinlagerstätte Caminau. — Ber. dt. Gesellsch. geol. Wiss., B, 12, 4, 407—415, Berlin 1967.

— Zur Genese der Oberlausitzer Kaoline und Tone. — Geologie, 20, 1, 38—61, Berlin 1971.

CORRENS, C. W.: Einführung in die Kristallographie. — Springer-Verlag, Berlin 1949.

DAMIANI, L.; TRAUTMANN, F.: Les dépôts de kaolins français. — XXIII. Internat. Geol. Congress. Praha, 15, 141—178, Prag 1968.

EISSMANN, L.: Geologie des Bezirkes Leipzig. — Museum f. Naturkunde, Leipzig 1970.

KUŽVART, M.; Kaolin Deposits of Czechoslovakia. — XXIII. Internat. Geol. Congress Praha, 15, 47—73, Prag 1968.

LASCH, G.: Mineralogisch-geochemische Untersuchungen an Lausitzer Kaolinen und Gesteinszersätzen. — Freiberger Forsch.-H. C 258, Leipzig 1973.

LERZ, H.; BORCHERT, W.: Die Verwitterung von Mikrolin unter atmosphärischen Temperatur-Druck-Bedingungen. — Chemie Erde, 22, 386—429, Jena 1962.

LIPPERT, H. J. u. a.: Die Kaolinlagerstätten der Bundesrepublik Deutschland. — XXIII. Internat. Geol. Congress. Praha, 15, 85—105, Prag 1968.

NEBE, W.: Die chemische Zusammensetzung der wichtigsten Grundgesteine Sachsens als Grundlage für eine Beurteilung der Nährstoffverhältnisse in Waldböden. — Abh. Staatl. Mus. Mineral. u. Geol., Dresden, 16, 287—304, Dresden 1970.

REINISCH, R.: Erläuterungen zur Geol. Karte von Sachsen. — Blatt Meißen, III. Auflage, Leipzig 1928.

RÖSLER, H. J.; BERLIN, W. u. a.: Beitrag zur Kaolingenese. Vortrag zur Tagung der Gesellsch. geol. Wiss. DDR: Kaolinlagerstätten der DDR und ihre Nutzung. — Oschatz 1974.

RÖSLER, H. J.; BLANKENBURG, H.-J.: Lagersätten der Steine und Erden. — Bergakademie, Freiberg 1968.

RÖSLER, H. J.; PILOT, J.; STARKE, R.: Neue Untersuchungsergebnisse zur Altersstellung des Kaolinisierungsprozesses. — Z. angew. Geol., 22, 9, 393—398, Berlin 1976.

SCHWERDTNER, G.: Komplexität der Beziehungen zwischen Lagerstättenbildung, Rohstoffeigenschaften, technischem Prozeß und Werkstoff, dargelegt am Beispiel Kaolin. In: RÖSLER, H. J.; BLANKENBURG, H.-J.; PFEIFFER, L.: Nutzbare Gesteine. — Bergakademie Freiberg 1975.

STÖRR, M.; BUCHWALD, J.: The Kaolin Deposits „Caminau" and „Wiesa" of the Lusation Granodiorits Massiv. In: Kaolin Deposits of the GDR in the Northern Region of the Bohemian Massiv. — Universität Greifswald, Greifswald 1975.

STÖRR, M.; SCHWERDTNER, G.: The Kaolin Deposits of the Kemmlitz Area, NW Saxony. In: Kaolin Deposits of the GDR in the Northern Region of the Bohemian Massiv. — Universität Greifswald, Greifswald 1975.

STÖRR, M.; SCHWERTDNER, G.; BUCHWALD, J.: Kaolinlagersättten der Deutschen Demokratischen Republik. — XXIII. Internat. Geol. Congress, Praha, 15, 107—140, Prag 1968.

VARJU, GY.: Kaolin Deposits of Hungary. XXIII. Internat. Geol. Congress Praha, 15, 179—200, Prag 1968.

WASTERNACK, J.: Die Eruptivgesteine im nördlichen Teil des nordwestsächsischen Vulkanitgebietes. — Exkursionsführer geol. Ges. DDR, 10. Jahrestagung 1963, 197—199 und 203—212, Berlin 1963.

Die Mineralbilanz als ein Merkmal der erzbildenden Fähigkeit von Granitoiden

LJACHOWITSCH, W. W., UdSSR

„Unter erzbildender Fähigkeit ist jene Eigenschaft von Granitmagmen zu verstehen, während der Kristallisation und Gesteinswerdung ihre dispersen Erz- und seltenen Metalle abzuspalten und später erneut zu konzentrieren" (S. 37). Merkmale dieser erzbildenden Fähigkeit von Granitoiden sind dabei ihre mittleren Gehalte an Erzelementen, die Dispersion dieser Gehalte und das Verteilungsgesetz oder der Konzentrationskoeffizient der Element- und/oder Mineralgehalte. Der Verteilungscharakter der Erzelemente in den gesteinsbildenden Mineralen nimmt dabei eine besondere Rolle ein, denn damit können nicht nur die primären von den sekundären Gehalten unterschieden, sondern auch die spezifische Rolle der isomorphen und nichtisomorphen Formen des interessierenden Erzelements objektiv eingeschätzt werden. Die erzbildende Fähigkeit wird allerdings nicht allein durch die Gesamtgehalte an Erzelementen bestimmt, sondern mehr durch die Elementverteilung in bestimmten Mineralen des Gesteins.

In diesem Zusammenhang ist die Feststellung eines Unterschieds zwischen den Gesamtgehalten der Elemente im Gestein und deren Gehalten in den erzbildenden Mineralen von großem Interesse. Diesen Unterschied bezeichnet der Autor als Divergenzprozente, deren geologischer Aussage die vorliegende Arbeit gewidmet ist. Bei der statistischen Auswertung sind dann insbesondere die Mittelwerte der Divergenzprozente von Bedeutung, da damit die erzbildende Fähigkeit von unterschiedlichen Granitoiden untersucht werden kann. Eine Konzentration von Erzelementen in spät- und postmagmatischen Produkten wird durch eine geringe Übereinstimmung zwischen den Gesamtgehalten von Erzelementen im Gestein und denjenigen in den gesteinsbildenden Mineralen gekennzeichnet sein. Das Fehlen einer Übereinstimmung wird auf das Vorhandensein von selbständigen Mineralen bestimmter Elemente im Gestein hinweisen und wird um so größer sein, je mehr die erzbildende Fähigkeit der Granitoide hervortritt. Eine Widerspiegelung dieser Tatsache sind die erhöhten Gehalte von akzessorischen Erzmineralen im Gestein. Auf dieser Basis können direkte Mineralbilanzen unterschiedlicher Typen von Granitoiden miteinander verglichen werden.

Vom Autor wurden die Mittelwerte der Divergenzprozente von 366 Mineralbilanzen berechnet (Tab.) und davon die statistisch repräsentativsten Elemente ausgewertet (W, Mo, Sn, Pb, Cu, Au, U, Bo, Li u. a.).

Eine Analyse der vorhandenen Angaben zeigt, daß in erzführenden Granitoiden die Nichtübereinstimmung zwischen den Gesamtgehalten eines Erzelements im Gestein und denjenigen in einzelnen Mineralen im allgemeinen 20 bis 40% beträgt und in erzfreien Granitoiden dagegen bedeutend niedriger ist (3 bis 8%). Der Autor hat zahlreiche Beispiele zusammengestellt, die diesen Gesichtspunkt unterstreichen.

Aus: „Geol. rudn. Mestoroshd.", XIX, 3, 37–43, Moskau 1977.
Referat: W. BEYER, Schneeberg III

Tab. Mittelwerte der Divergenzprozente von erzführenden und -freien Graniten (Auszug)

Element	Divergenzprozente		Element	Divergenzprozente	
	erzfreier Granit	erzführender Granit		erzfreier Granit	erzführender Granit
W	6,0 (6)	40,9 (28)	U	9,4 (15)	13,2 (26)
Sn	8,6 (13)	17,6 (6)	Cu	9,4 (8)	63,0 (2)
Mo	3,1 (8)	19,3 (18)	Pb	6,4 (11)	37,5 (6)

In Klammern = Anzahl der Mineralbilanzen

So wurde für die wolframhaltigen Granite von Aktschatau festgestellt (66%), daß nur ein kleiner Teil des gesamten Wolframs in die gesteinsbildenden Minerale geht, während der übrige Teil selbständige Minerale, insbesondere akzessorischen Wolframit, bildet. Die Mineralbilanz der wolframführenden Granite des Fernen Ostens zeigt, daß die erzfreien Biotit-Amphibol-Granite 90 bis 95% des in den Gesteinen enthaltenen Wolframs isomorph in den gesteinsbildenden Mineralen gebunden haben, vorwiegend Feldspäte, und im erzführenden Biotitgranit fast 40% Wolfram in selbständigen Akzessorien (Wolframit, Scheelit usw.) auftritt. In den zinnführenden Graniten des südlichen Tien-schan erreicht die maximale Divergenz in der Mineralbilanz von Zinn 12 bis 20%; in diesem Granit tritt akzessorischer Kassiterit auf. Die zinnfreien Granite dieses Gebiets besitzen dagegen nur eine Divergenz von 8%. In den zinnführenden Graniten des Faltengebiets von Werchojansk-Tschukotka betragen die mittleren Divergenzprozente von Sn 33%, d. h., ein Drittel des Zinns der Gesamtgehalte im Granit tritt in nichtisomorpher Form auf. Im allgemeinen sind die mittleren Divergenzprozente von Zinn in zinnführenden Graniten zweimal größer als in zinnfreien.

Eine derartige Mineralbilanz ist auch bei der Beurteilung der Formen des Auftretens von seltenen Elementen sehr effektiv einzusetzen. So geht in Biotitgraniten mit seltenmetallischer Vererzung nur ein geringer Teil von Niob und Tantal in die gesteinsbildenden Minerale, während deren Hauptmenge als akzessorische Tantalo-Niobate auftreten. In Granitoiden mit Lithiummineralisation schwanken die Divergenzprozente um 21%, während sie bei lithiumfreien Graniten bei 6,6% liegen. Scandium zeigt eine geringe Divergenz (5%) in den Granitoiden, was auf eine vorwiegende Dispergierung zurückzuführen ist.

Die Mineralbilanz spielt auch bei der Zuordnung von beobachteten Elementgehalten in Primär- und Sekundärgehalte eine nicht geringe Rolle. Eine Divergenz zwischen niedrigen Gehalten von Erzelementen in den Mineralen und hohen Gesamtgehalten im Gestein sowie unbedeutenden Gehalten an selbständigen Mineralen eines Elements weist auf eine überprägte Natur dieses Gesteins hin. Für die wolframführenden Granite von Primorje sind z. B. niedrige Wolfram-Gehalte in den gesteinsbildenden Mineralen charakteristisch, die mit den hohen Wolframgehalten im Gestein und der geringen Menge an akzessorischem

Scheelit nicht korrelieren und damit auf das Vorhandensein nichtisomorpher, leichtlöslicher Formen von Wolfram hindeuten. In allen vom Autor genannten Fällen ist eine direkte Abhängigkeit zwischen der Größe der Divergenzprozente der Elementgehalte und der Menge akzessorischer Minerale dieses Elements zu beobachten. Außerdem kann z. B. bei Auftreten verschiedener Intrusivphasen eine Zunahme der Divergenzprozente eines Elements in verschiedenen Intrusivphasen auch reale Möglichkeiten zur Beurteilung des Differentiationsprozesses und damit des Grads der erzbildenden Fähigkeit geben.
Der Autor weist darauf hin, daß bei derartigen Untersuchungen gewisse Voraussetzungen erfüllt sein müssen. Dazu gehört nicht allein eine bestimmte Anzahl von Mineralbilanzen, sondern auch die Beachtung bestimmter geologischer Faktoren. So muß eine sekundäre Veränderung der Granitoide weitestgehend ausgeschaltet sein, da sonst der mobilisierende Einfluß zur sekundären Konzentration hinzutritt. Gleichfalls ist der Erosionsanschnitt der zu untersuchenden Granitoide von Interesse, denn es ist nicht gleichgültig, ob die Probennahme im Apikalteil mit ihrer deutlichen Vergrößerung der Erzelemente (und auch Divergenzprozente) oder in tieferodierten Bereichen stattfindet.

Bemerkungen zur internationalen hydrogeologischen Terminologie

Hähne, R. Jordan, H., Freiberg

Die Verwendung hydrogeologischer Termini in der Fach- und populärwissenschaftlichen Literatur sowie in der Presse zeigt, daß besonders bei Übersetzungen aus dem Russischen, Englischen und Französischen die oft unzureichende Kenntnis über die hydrogeologische Nomenklatur im Ausland zu Verständnisschwierigkeiten und fachlichen Fehlinterpretationen führen kann. Die in der DDR sowie im Ausland gebräuchlichen Fachbegriffe lassen vielfach keine wörtliche Übersetzung in eine andere Sprache zu. Deshalb soll an dieser Stelle der Versuch unternommen werden, von einer einfachen Systematik der wichtigsten hydrogeologischen Termini ausgehend, diese Begriffe in vier der wichtigsten Fremdsprachen gegenüberzustellen und damit die Fachdiskussion über nomenklatorische Probleme wiederzubeleben.
Dazu erscheint es zunächst notwendig, die Stellung der Hydrogeologie im System der Geowissenschaften zu umreißen. Bereits Lamarck (1802), der erstmals den Begriff „Hydrogeologie“ verwendete und später z. B. auch Lucas (1879) stellten die Hydrogeologie als Grenzwissenschaft zwischen die Hydrologie und die Geologie.
Als Hydrologie wird im allgemeinen (Meinzer 1928, Zunker 1930, Giessler 1957, Ven Te Chow 1964, Wechmann 1964, Dyck 1976 u. a.) die Lehre vom Wasser, seinen Erscheinungsformen und natürlichen Zusammenhängen über auf und unter der Erdoberfläche und als „Geologie“ die Wissenschaft von der Zusammensetzung, vom Bau und der Geschichte der Erdkruste sowie von den Kräften, unter deren Wirkung sich die Entwicklung der Erdkruste vollzieht, definiert. Die „Hydrogeologie“ erklären Bogomolow (1958), Davis und De Wiest (1966) u. a. als Wissenschaft vom unterirdischen Wasser, das sich in Wechselbeziehung zu den Gesteinen befindet, von seiner Entstehung, seiner chemischen Zusammensetzung, sowie seinen Eigenschaften, seiner Lagerung, Ausdehnung und Bewegung. Dabei beinhaltet die Hydrogeologie auch die Beziehungen des unterirdischen Wassers zum Wasserkreislauf innerhalb geologischer Zeiträume, die Untersuchung der Grundwasserneubildung, des natürlichen Aufbrauchs sowie die Rolle der unterirdischen Hydrosphäre als Lösungs-, Transport- und Akkumulationsmedium für feste, flüssige und gasförmige Stoffe. Hydrogeologie und „Geohydrologie“ (Meinzer 1942) sind inhaltlich einander im wesentlichen identisch, wobei zum einen vor allem geologische, zum anderen vorwiegend hydrologische Arbeitsmethoden angewendet werden.
Der Arbeitsgegenstand der Hydrogeologie, das unterirdische Wasser, sollte zweckmäßigerweise, auch in Anlehnung an eine Empfehlung der UNESCO (1972), in „Grundwasser“, „Porenwasser (gebunden)“ sowie „Bodenwasser“ eingeteilt werden. Hierbei können Abweichungen in den zugehörigen Untertermini des internationalen Sprachgebrauchs am besten erfaßt werden (Schema 1).
Da das russische „подземные воды“ mit „Grundwasser“ übersetzt wird, ist es in Übereinstimmung mit Pinneker (1976)[1]) zweckmäßig, den Begriff „unterirdisches Wasser“ besser als „unterirdische Hydrosphäre“ zu bezeichnen, um die oft falsche Übersetzung von „подземные воды“ mit „unterirdisches Wasser“ in der deutschsprachigen Fachliteratur zu vermeiden. Des weiteren entspricht das russische „артезианская вода“ oder „напорная вода“ unserem „Grundwasser mit gespannter Grundwasseroberfläche“, kurz „gespanntes Grundwasser“ und nicht dem „artesischen Wasser“ (über Flur gespannt) allein. Dem deutschen „Grundwasser“ entspricht nicht — wie oft fälschlicherweise übersetzt — das russische „грунтовая вода“.
Vor allem im Englischen wird die unterirdische Hydrosphäre in Aerations- und Saturationszone geteilt, im Prinzip identisch mit Bodenwasser- und Grundwasserzone (suspended water und ground water). Meinzer (1942) unterscheidet „suspended water“ (einschließlich soil water, fringe water) und „interstitial water“ im Sinne von Porenwasser der gesättigten Zone (Bergfeuchte). Im Englischen gibt es neben den Termini des freien und gespannten Grundwassers den Begriff „perched ground water“ (eingeschlossenes Grundwasser), das weder gespannte Druckverhältnisse aufweist, noch frei fließt. Sickerwasser wird im Russischen mit „просачивающаяся вода“ oder „инфильтрирующаяся вода“ bezeichnet.
Als zusammenfassenden Überbegriff für alle Wasserarten, vor allem unterhalb des Grundwasserspiegels, die nicht Grundwasser und nicht chemisch im Gestein gebunden sind, erscheint es günstig den im Russischen bzw. Englischen üblichen Terminus „поровая вода“ bzw. „pore water“ als „Porenwasser (gebunden)“ auch im deutschen

Eingang des Manuskripts in der Redaktion: 15. 7. 1977.
Veröffentlichung N. 701 der Bergakademie Freiberg, Sektion Geowissenschaften, WB Hydrogeologie

[1]) mündliche Mitteilung an die Autoren

Schema 1. Terminologie der Wasserarten (unterirdische Hydrosphäre)

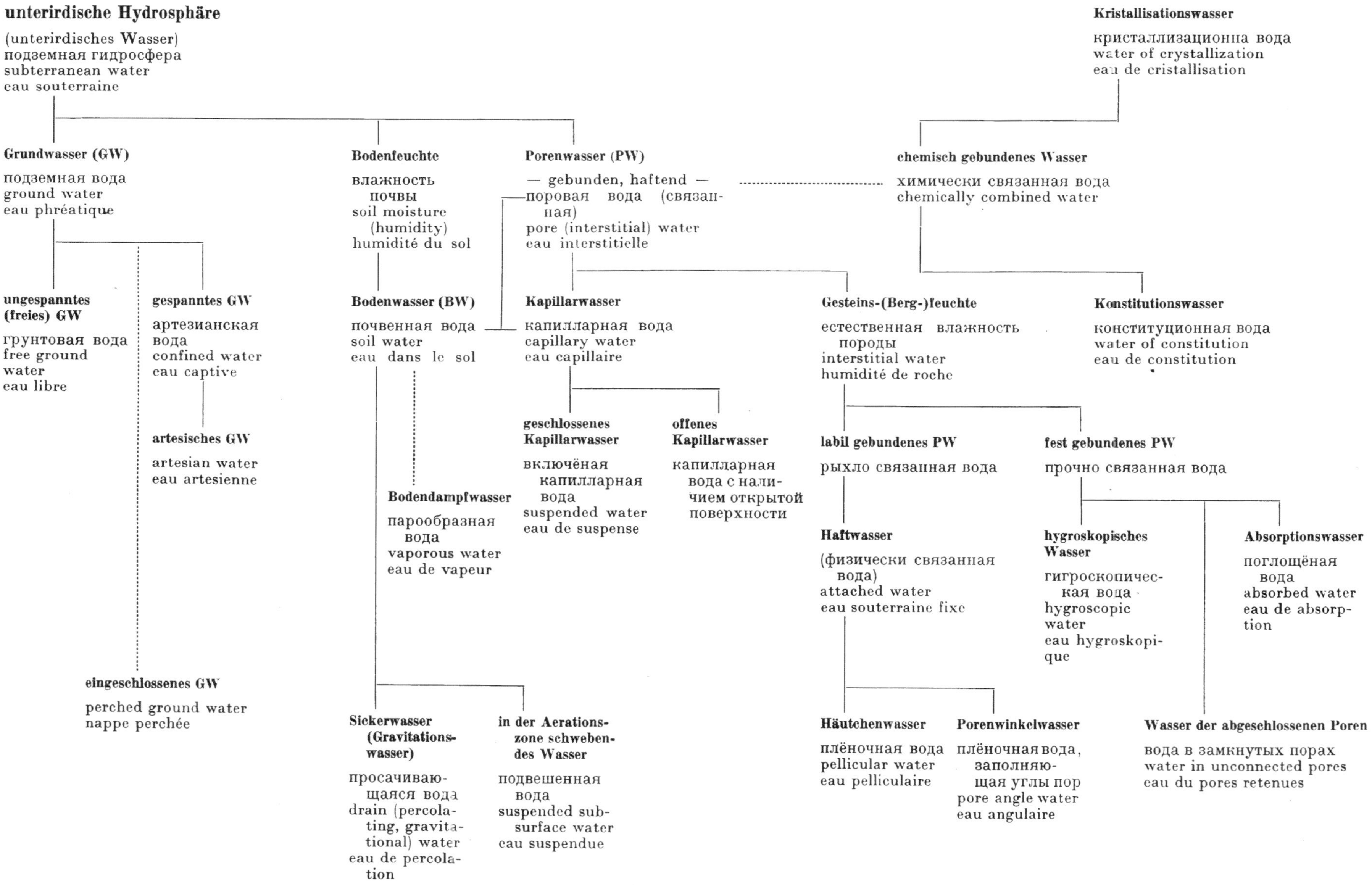

Schema 2. Terminologie der Genese der unterirdischen Hydrosphäre

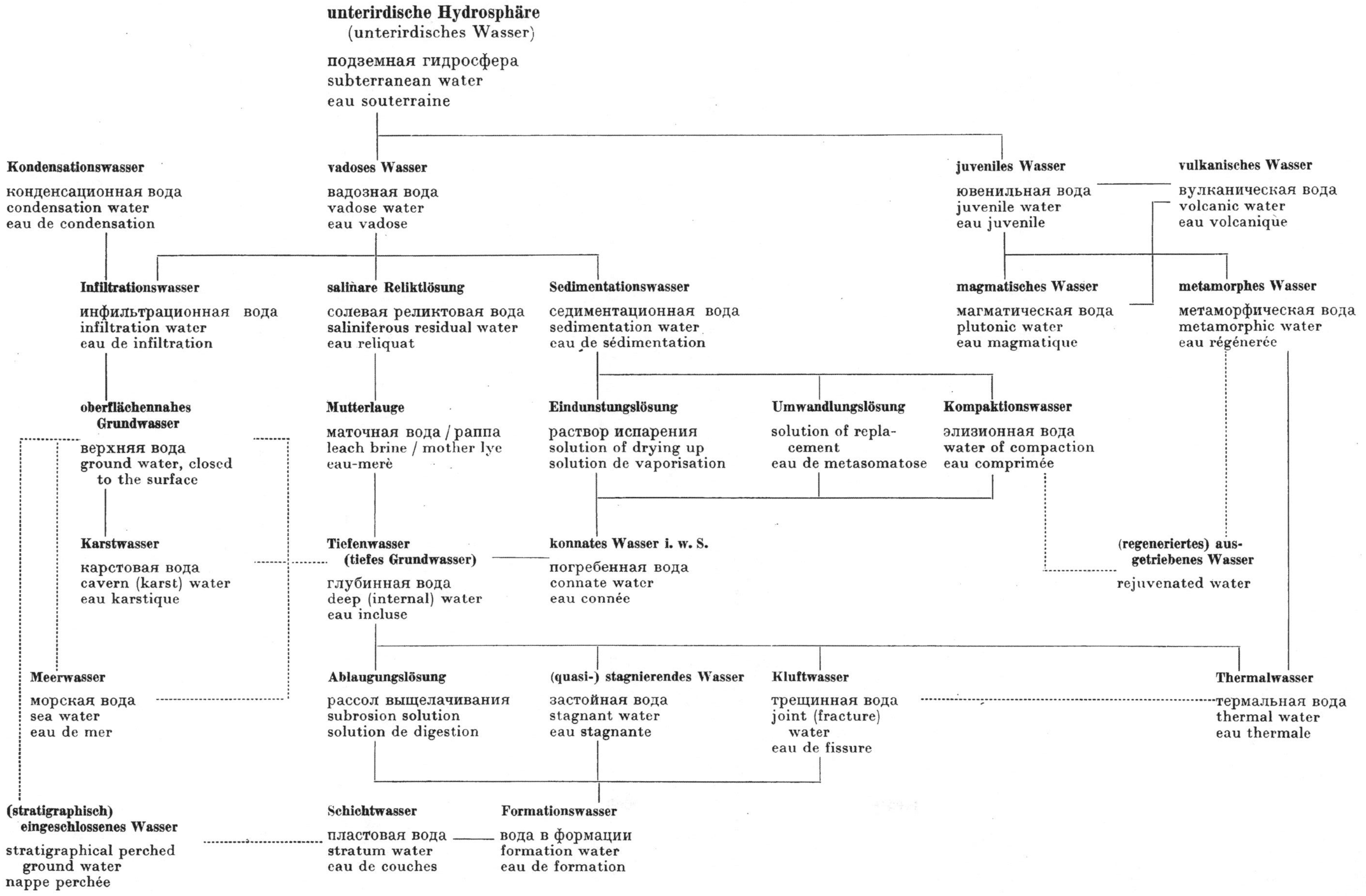

Schema 3. Terminologie der Inhaltsstoffe und Nutzbarkeit der unterirdischen Hydrosphäre

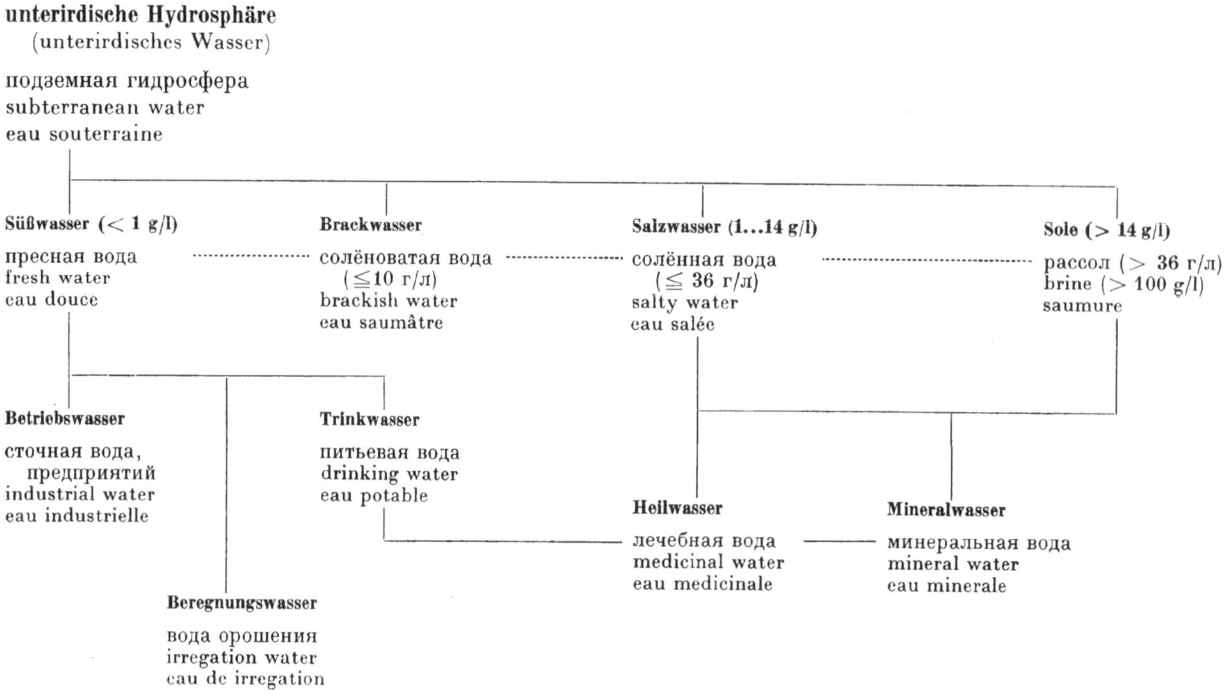

Sprachgebrauch zu verwenden. Die gelegentlich noch zu beobachtenden Begriffe „Filmwasser“ (entspricht Haftwasser), „Adhäsionswasser“ (hygroskopisches Wasser), „Hydratationswasser“ (Häutchenwasser), „Fugenwasser“ (Porenwinkelwasser-), „Porensaugwasser“ (Kapillarwasser) u. a. sollten im Interesse der Einheitlichkeit der Nomenklatur möglichst vermieden werden. Die Termini „fest gebundenes Wasser“ und „labil gebundenes Wasser“ sind, vom Russischen abgesehen, in der fremdsprachigen Fachliteratur nicht üblich. Kristallisations- und Konstitutionswasser gehören nicht zur unterirdischen Hydrosphäre.

Schema 2 stellt eine mögliche Systematik der unterirdischen Hydrosphäre unter Aspekten der Genese und Tiefenlage der Wässer dar. Die beiden großen Gruppen vadose und juvenile Wässer können bei Teufen ab etwa ± unterhalb des Meeresniveaus, d. h. im Bereich der regionalen Grundwasserkreisläufe als „tiefe Grundwässer“ oder „Tiefenwässer“ (WEITHOFER 1933) zusammengefaßt werden. Dieses System erfaßt auch die Gliederungsprinzipien im internationalen Sprachgebrauch und beinhaltet kaum Überschneidungen.

Der Begriff „fossiles Wasser“ ist vieldeutig und deshalb möglichst zu vermeiden. In der Fachliteratur bezeichnet der Terminus „konnates Wasser“ sowohl bei der Sedimentation eingeschlossenes und während der Diagenese chemisch verändertes Wasser (MATTHESS 1970), als auch Kompaktions- oder Kompressionswasser (SCHOELLER 1962). Im Interesse der Vereinheitlichung wird an dieser Stelle empfohlen, als konnate Wässer im Sinne von LANE (1908) alle Sedimentationswässer mariner Genese, die längere Zeit nicht am unbehinderten Wasserkreislauf teilgenommen haben, zu verstehen.

Auch der Begriff „stagnierendes Wasser“ erscheint als nicht exakt genug, da es wirkliche Stagnation bei geologischer Betrachtungsweise nicht gibt; es sollte besser der Terminus „quasistagnierendes Wasser“ benutzt werden.

Es wird auch empfohlen, die Begriffe „Schichtwasser“ und „Formationswasser“ im Sinn der internationalen Vereinheitlichung im hydrogeologischen Sprachgebrauch zu vermeiden. Ferner ist im Russischen statt „инфильтрационная вода“ für Infiltrationswasser z. T. auch „элизионная вода“ üblich. TOLMAN (1937) verwendete erstmals den Terminus „rejuvenated water“ (ausgetriebenes Wasser) und faßte darunter Kompaktions- und Metamorphosewasser zusammen.

Die Klassifikation des Grundwassers nach seinen chemischen Inhaltsstoffen (gelöste Bestandteile) steht im Mittelpunkt vieler hydrogeochemischer Betrachtungen der internationalen Fachliteratur. Diese z. T. sehr weit getriebenen Systematiken lassen sich z. B. auf das in Schema 3 dargestellte einfache Bild zurückführen.

Dabei ist bei einer Übersetzung aus der fremdsprachigen Literatur darauf zu achten, daß „Salzwasser“ und „Sole“ recht unterschiedlich definiert sind. So weisen Salzwässer nach GIESSLER (1957) gelöste Bestandteile von 1 bis 14 g/l, nach sowjetischen Autoren z. B. PINNEKER (1976) солённые воды 1 bis 36 g/l, davon солёноватые воды 1 bis 10 g/l und in der englischsprachigen Literatur salty waters Gehalte von 1 bis 100 g/l auf.

Mit dem Begriff „Mineralwasser“, in der Bedeutung des Wortes eigentlich „mineralisiertes Wasser“, d. h. Überbegriff für alle Wässer mit erhöhten Gehalten an Haupt-, Neben- und Spurenelementen, wird jedoch traditionell Wasser umschrieben, das lediglich prozentual hohe Anteile bestimmter Elemente und Verbindungen aufweist.

In der Literatur zeigen sich neben den Wasserarten vor allem bei den wichtigsten hydrogeologischen Parametern sowie bei der Beschreibung des Lagerstättenkörpers z. T. erhebliche Abweichungen in den Termini und deren sprachlicher Äquivalenz (Schema 4). Während im Deutschen nahezu ausschließlich die Begriffe „Grundwasserleiter“ (GWL) und „Grundwasserstauer“ (GWSt) verwendet werden, sind z. B. im Englischen die Termini „aquifer“

Zeitschrift für angewandte Geologie, Bd. 24 (1978), Heft 4

Schema 4. Terminologie der Hydrogeologischen Parameter

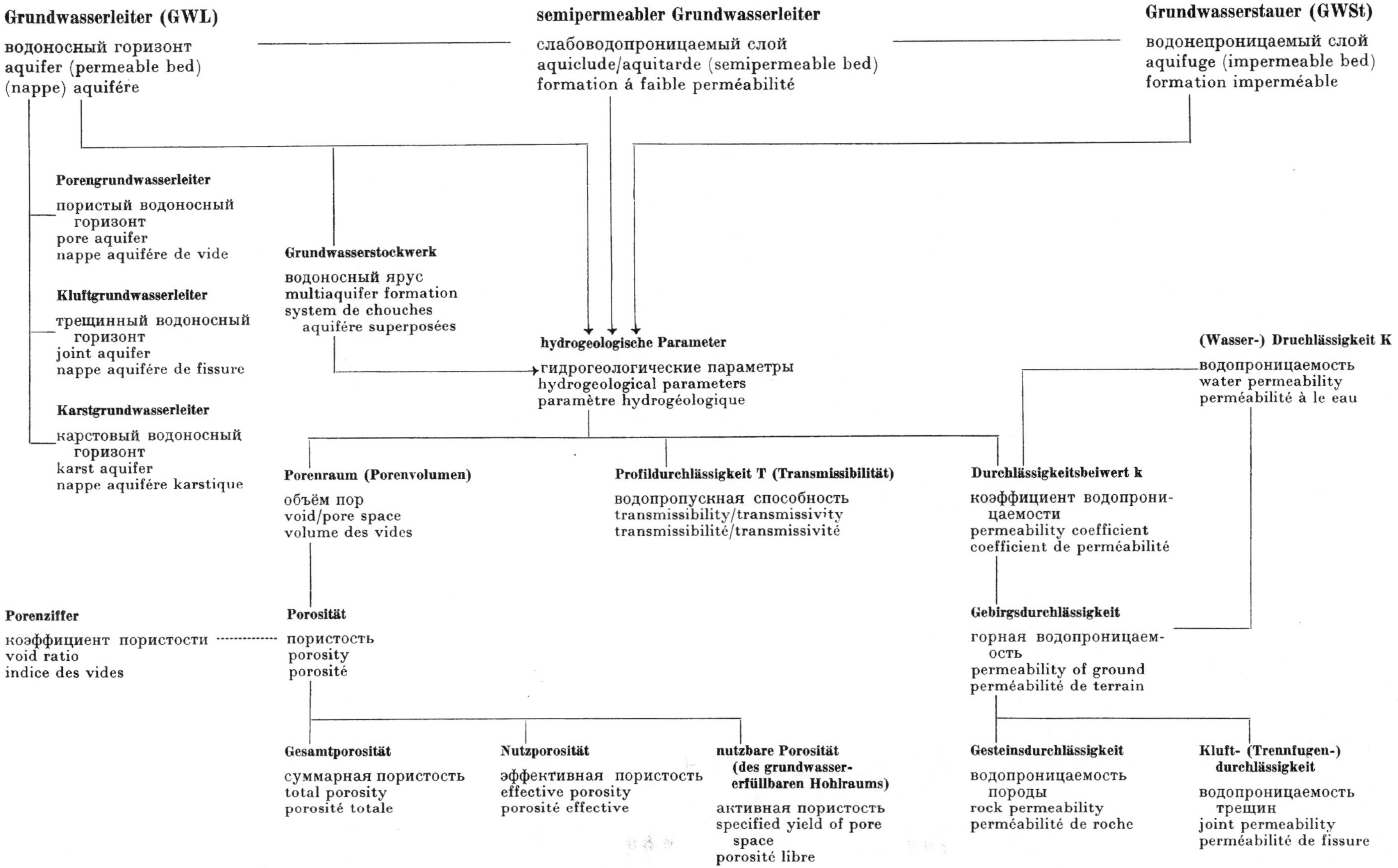

(Grundwasserleiter), „aquiclude" (Geringleiter im Sinn von Grundwasserstauer oder besser behinderter bzw. schwach durchlässiger GWL), „aquitarde" (Geringleiter mit regionaler Verbreitung) und „aquifuge" (Nichtleiter, d. h. GWSt im Sinne einer Grundwassersperre) gebräuchlich. Die eigentlichen hydrogeologischen Parameter der Gesteine sind im internationalen Sprachgebrauch relativ einheitlich definiert. Leider muß in der deutschsprachigen Fachliteratur gelegentlich auch eine zu unexakte Anwendung der definierten Größen festgestellt werden.

Der Durchlässigkeitsbeiwert k für Wasser (TGL 23989) bzw. vormals k_f oder auch Filtrationskoeffizient genannt, mit der Dimension m/s charakterisiert als wichtigster hydrogeologischer Parameter Gesteine, die gering mineralisierte Wässer $\pm$ durchlassen. Die Durchlässigkeit im Sinn der Permeabilität K (Dimension d) für Wasser schließt auch die hydrogeologische Beschreibung von Gesteinen ein, die höher mineralisierte Wässser führen bzw. stauen, und ist vor allem in der Erdölgeologie und in der Hydrogeologie tieferer geologischer Horizonte gebräuchlich.

Für Festgestein ist es üblich, den Begriff „Gebirgsdurchlässigkeit" bzw. -beiwert, der in Summe „Gesteins- oder Porendurchlässigkeit" und „Kluft- oder Trennfugendurchlässigkeit" erfaßt, zu verwenden. Neben der „nutzbaren Porosität" (grundwassererfüllbarer Hohlraum) sind im hydrogeologischen Sprachgebrauch ferner auch die Termini „Porosität" und „Nutzporosität" zu finden, wogegen „Porenziffer" und z. T. auch „Nutz- oder effektive Porosität" vorzugsweise in der Erdölgeologie angewendete Parameter darstellen.

Die in diesem Beitrag angeführten Fakten und Hinweise sollten einer notwendigen einheitlicheren Anwendung der hydrogeologischen Terminologie durch die Geowissenschaftler, zum anderen auch der künftigen Vermeidung von Übersetzungsfehlern dienen und zur Diskussion anregen.

Zusammenfassung

Auf eine kurze Begriffsabgrenzung folgt die Darstellung einer einfachen Systematik hydrogeologischer Termini und eine Gegenüberstellung gleichwertiger Begriffe in den Sprachen Deutsch, Russisch, Englisch und Französisch. Beispiele für derzeitig unterschiedliche Anwendung übersetzter Begriffe werden angeführt und die Notwendigkeit einheitlicherer Anwendung der hydrogeologischen Termini besonders betont.

Резюме

На краткое ограничение выражений следует изображение простой систематики гидрогеологических выражений и сопоставление одинаковых выражений на немецком, русском, английском и французском языках. Показываются примеры для нынешного различного применения переведенных выражений и особенно указывается необходимость одинакового применения гидрогеологических выражений.

Summary

A brief delimitation of the term is followed by a description of a simple systematization of hydrogeological terms and their comparison in German, Russian, English, and French. Examples for the presently different application of translated terms are mentioned, and the necessity of a more uniform application of hydrogeological terms is emphasized.

Literatur

ALTOWSKI, M. E.: Sprawotschnik gidrogeologii. — Geoltechisdat, Moskau 1962.
BENTZ, A.; MARTINI, J. H.: Lehrbuch der Angewandten Geologie, Bd. 2. — Enke-Verlag, Stuttgart 1969.
BERNSTEIN, L. B.: Nemecko — russki gidrotechnitscheski slowar. — Inostr. naucn. slow. fismat., Moskau 1961.
BOGOMOLOV, G. W.: Grundlagen der Hydrogeologie. — VEB Deutscher Verlag der Wissenschaften, Berlin 1958.
BROWN, R. H.; KONOPLIANZEW, A. A.; INESON, J.; KOWALEWSKY, V. S.: Ground water studies. — Unesco, Paris 1972.
CASTANY, G.: Traité pratique des eaux souterraines. — Verlag Dunod, Paris 1963.
DAVIS, S. N.; DE WIEST, R. J. M.: Hydrogeology. — Wiley and Sons Inc., New York 1966.
DYCK, S.; Angewandte Hydrology, Teil 1. — VEB Verlag für Bauwesen, Berlin 1976.
GIESSLER, A.: Das unterirdische Wasser. — VEB Deuscher Verlag der Wissenschaften, Berlin 1957.
HÖFER-HEIMHALT, H.: Grundwasser und Quellen. — Verlag Vieweg u. Sohn, Braunschweig 1920.
KEILHACK, K.: Lehrbuch der Grundwasser- und Quellenkunde. — Berlin 1935.
LANE, A. C.: Mine waters and their field assay. — Bull. geol. Soc. Amer., 19, 501—512 (1908).
LINSLEY, R. K.; KOHLER, M. A.; PAULHUS, J. L. H.: Applied Hydrology. — Mc. Graw-Hill, New York 1949.
MAKSIMOW, M. W.: Sprawotschnoje rukowodstwo gidgrogeologa. — Isdat. Nedra, Leningrad 1967.
MATTHESS, G.: Die Beschaffenheit des Grundwassers. — Verlag Bornträger, Berlin, Stuttgart 1973.
MEAD, D.: Hydrology. — Mc. Graw-Hill, New York 1919, 1950.
MEINCK, F.; MÖHLE, H.: Wörterbuch für das Wasser u. Abwasserfach. — Verlag Oldenbourg, München, Wien 1963.
MEINZER, O. E.: Hydrology, Physics of Earth, Bd. IX. — New York 1928. — Hydrology. — p. 4 Dover, New York 1942.
NEŠIC, G.: Rudarski Retschnik. — Rudarski Institut Beogard, Belgrad 1970.
OWTSCHINNIKOW, A. M.: Obschtschaja gidrogeologija. — Gosgeolisdat., Moskau 1955.
PFANNKUCH, H.-O.: Elsevier's dictionary of hydrogeology. — Elsevier Publishing Company, Amsterdam 1969.
RICHTER, W.; LILLICH, W.: Abriß der Hydrogeologie. — E. Schweizerbart'sche Verl.-Buchhandlung, Stuttgart 1975.
RODE, A. A.: Das Wasser im Boden. — Akademie-Verlag, Berlin 1959.
SCHOELLER, H.: Les eaux souterraines. — Masson-Verlag, Paris 1962.
SOYER, R.: Deutsch-Französisches Wörterbuch für Ingenieurgeologie der Öffentlichenarbeiten und Grundwasserkunde. — Centre national d. I. Rech. Scientif., Paris 1959.
SPENGLER, O. A.: Gidrologitscheski slowarna inostrannych jasykach. — Gidrometeorol. Isdat., Leningrad 1966.
TESCHKE, H. J.: Wörterbuch der Geowissenschaften. — Akademie-Verlag, Berlin 1964.
THURNER, A.: Hydrogeologie. — Springer-Verlag, Wien 1967.
TODD, D. K.: Hydrology. — Chapman u. Hall, London; Wiley and Sons, New York 1959.
TOLMAN, C. F.: Ground water. — Mc. Graw-Hill, New York, London 1937.
TSCHEBOTARJOW, A. I.: Gidrologitscheski slowar. — Gidrometeorol. Isdat., Leningrad 1970.
VEN TE CHOW, P. D.: Handbook of applied hydrology. — Mc. Graw-Hill, New York 1964.
WARD, R. C.: Principles of Hydrology. — MC.Graw-Hill, London 1967.
WATZNAUER, A. (Herausg.): Technik-Wörterbuch Geowissenschaften Englisch — Deutsch/Deutsch — Englisch. — VEB Verlag Technik, Berlin 1974.
WECHMANN, A.: Hydrologie. — VEB Verlag für Bauwesen, Berlin 1964.
WEITHOFER: Die Karlsbader Thermen und der Bergbau nebst einigen allgemeinen Bemerkungen über Mineralquellen. — Neues Jb. Mineral 70-B, 116—138, Stuttgart 1933.
ZUNKER, F.: Wasser und Boden. — Aus: Handbuch der Bodenlehre, Bd. IV. — Berlin 1930.
TGL 23989: Unterirdisches Wasser. — Terminologie.
UNESCO/WMO: International Glossary of Hydrology. — WMO/OMM/BMO-Nr. 385, Genf 1974.

Probleme der Entwicklung und des Baus der Variszıden in Mitteleuropa und im Gebiet der UdSSR

Bilaterales Symposium UdSSR — DDR. Forschungsbericht zum paläozoischen Geosynklinalprozeß

1. Zur Zielstellung

Im Rahmen eines zweitägigen Symposiums[1]), das von ca. 150 Teilnehmern aus sieben sozialistischen Staaten besucht wurde, informierten Forscherkollektive der Akademie der Wissenschaften der DDR und UdSSR in Verbindung mit ihren Partnern über Untersuchungsergebnisse zum „Variszidenvergleich", die während der vergangenen Jahre auf kollektiver Basis in Typengebieten Mitteleuropas (Rhenoherzynikum, Saxothuringikum), des Südurals, Mittelasiens und Südsibiriens sowie im Südtjanshan (Tadshikische SSR) erzielt worden waren (JUBITZ & JANSCHIN 1976).
Veranstalter des Symposiums war das Zentralinstitut für Physik der Erde der Akademie der Wissenschaften der DDR (ZIPE) gemeinsam mit der Gesellschaft für Geologische Wissenschaften der DDR (GGW) und dem Nationalkomitee für Geologische Wissenschaften der DDR (NKGW): die Tagungleitung lag in Händen von Prof. Dr. sc. K.-B. JUBITZ und Dr. habil. E. SCHROEDER sowie von Akademiker Prof. A. L. JANSCHIN, Nowosibirsk und Moskau.
Das anspruchsvolle Thema des überregionalen Vergleichs von wichtigen Entwicklungsetappen des variszischen Tektogens (Vor- und Frühetappe, Flysch- und Molassenetappe, Tafelstadium postum zum Fundament) war durch die Herausgabe von Sammelbänden (als deutschsprachige bzw. russischsprachige Ausgabe) (S. SCHROEDER 1977, JANSCHIN, BURTMAN u. a. 1977) zum Sypmosium langfristig vorbereitet worden, so daß sich die 22 Vorträge der Veranstaltung, z. T. thesenhaft, auf ausgewählte Grundfragen der Beschreibung und des Vergleichs auf folgende Themenkomplexe konzentrierten:

a) Probleme der verlgeichenden Analyse variszischer Tektogene Eurasiens;

b) Entwicklung und Strukturen der mitteleuropäischen Varisziden;

c) Entwicklung und Strukturen paläozoischer Tektogene im Gebiet der UdSSR;

d) Beiträge zur Synthese der strukturellen Entwicklung paläozoischer Tektogene.

2. Zu einigen wichtigen Ergebnissen und Aspekten

Sieht man von der Breite, Vielfalt und zugleich auch Tiefe der vorgelegten Einzelergebnisse aus den verschiedenen Gebieten (formationelle und paläogeographische Entwicklung, Deformationsstil, Magmatismus, Metamorphose, Tiefenbau des Tektogens nach geophysikalischen Parametern) ab, so liegt das Hauptergebnis des Symposiums prinzipiell in einer vertieften Regionalbeschreibung ausgewählter Typengebiete der Varisziden, und zwar nach einigen wesentlichen Vergleichskriterien. Diese Gegenüberstellung und der darauf aufgebaute Vergleich basieren auf einer langfristigen Meinungsbildung der Kollektive beider Partnerbereiche zur Tektogenforschung.
Die Thematik der hier behandelten Gebiete der Variszidenforschung läßt sich, generell gesehen, nach drei thematischen Komplexen zusammenfassen, die miteinander in dialektischer Wechselwirkung stehen:

a) Lateraltektonik

Sie spielt, ausgelöst durch den Nachweis von Deckenstrukturen verschiedener Typen in den Varisziden Eurasiens (Südural, Tjanshan, Harz, Paläozoiden Südsibiriens), zunehmend eine entscheidende Rolle zur Interpretation der Krustenbildung und -umbildung in den Tektogenen, insbesondere in bezug auf den Wechsel von Dilatation und Kompression während der kinematisch-dynamischen Entwicklung des Geosynklinalprozesses. Hiermit ist die Frage nach dem Auftreten einer ozeanischen Kruste während oder am Anfang der Geosynklinalentwicklung gestellt. Dabei bilden, arbeitsmäßig und erkenntnistheoretisch gesehen, die Ophiolithe und Ultrabasite als vermutliche Zeugen einer ehemaligen ozeanischen Kruste wesentliche Ansatzpunkte für die Forschung im Gelände und im Labor, aber auch für die Interpretation vorhandener Daten. Das Hauptproblem liegt hierbei in der paläotektonischen Einordnung dieser in der Regel nur allochthon auftretenden Gesteinsassoziationen, während ihre stoffliche Zuordnung, zumindest zu den verschiedenen Strukturtypen der heutigen ozeanischen Kruste zunächst weniger problematisch erscheint.
Auf dem Symposium wurde über diesbezügliche Erfahrungen und Problemorientierungen von Spezialuntersuchungen der Ophiolithe gesprochen (innerer Aufbau der Komplexe, genetische Beziehung zu Mantelprozessen). Dabei stellte sich als wichtige Forschungsaufgabe die Klärung der Zuordnung dieser Komplexe zu den Ophiolithassoziationen der Riftzonen, Randmeere, Innenmeere (etwa vom Typ Schwarzes Meer oder Kaspi) oder der offenen Ozeanräume heraus. Die Paläotektonik orientiert sich hierbei stark an den aktuogeologischen Erfahrungswerten aus ozeanischen Räumen.
Beispielsweise soll die Bildung der beiden Becken ozeanischen Typs im Südural, das Paläoural- und Sakmarabecken, während des Kambrium-Ordoviziums nach einem komplizierten Spreading- und Riftmechanismus erfolgt sein, was u. a. aus dem Auflagern von Tiefseebildungen auf einem Ultrabasit-Gabbrokomplex gefolgert wird. Der Einengungsprozeß der südlichen Uraliden begann ab mittlerem Silur, z. T. mit Unterschiebung der präkambrischen sialischen Kruste unter die ozeanische und mit der Bildung von damit verbundenen Inselbogenstrukturen. Anschließend kam es zur Ausbildung von Falten-Deckensystemen.
Im Vergleich dazu ist der Anteil ozeanischer Neubildungen (Präkambrium/Kambrium, tieferes Devon) in den „mosaikartigen" Faltenzonen der Paläozoiden Südsibiriens nach BOGOLEPOW geringer. Faltungstyp und -intensität werden durch den tieferen Unterbau des Tektogens (Zwischenmassive) bestimmt, wobei die Periodizität der tektogenetischen Entwicklung (frühkaledonisch-salairisch, spätkaledonisch, variszisch) sowie die Bildung deuteroorogenetischer Strukturen im Sinne von Reaktivierungsprozessen charakteristisch sind.
Die Frage nach der Genese der Basite, speziell der initialen Geosynklinalbildungen im Bereich der mittel -und westeuropäischen Varisziden, haben vom geochemischen Standpunkt RÖSLER & WERNER behandelt, die die stofflichen Unterschiede zwischen Rhenoherzynikum und Saxothuringikum während des Früh-, Haupt- und Spätstadiums des initialen Magmatismus (Unterdevon bis Dinant) auf eine Intraplattentektonik beiderseits der Mitteldeutschen Kristallinzone zurückführen. Diese Initialite sind, generell betrachtet, mit ihrer extremen K-Betonung genetisch offensichtlich auf Riftbildungen oder einen Inselbogenmechanismus von Randmeeren zu beziehen (geochemischer Analogievergleich).
Grundprobleme der mobilistischen Entwicklung der Kontinente im globalen Maßstab erörterte SONENSCHAJIN anhand umfangreichen paläotektonischen Kartenmaterials relevanter erdgeschichtlicher Entwicklungsabschnitte des Driftprozesses (u. a. Mittleres Kambrium, höheres Ordovizium, Unter-Mitteldevon, Unterkarbon, Mittelkarbon-Unterperm, Mittlere-Obere Trias, Oberjura, Oberkreide), und zwar unter besonderer Beachtung der langfristigen und zugleich unterschiedlichen Entwicklung der Nord- und Südhalbkugel der Erde (vgl. hierzu: SONENSCHAJIN & GORODNIZKIJ 1976). Von besonderem Inteesse für den überregionalen Vergleich ist hierbei u. a. die E—W gerichtete, nahezu geschlossene Verbreitung des permischen Vulkanismus auf der Südseite der Nordhalbkugel, die als „Vulkangürtel" eines Kontinents und einer südlich vorgelagerten Subduktionszone der Paläotethys interpretiert wird.

Eingang des Manuskripts in der Redaktion: 8. 7. 1977.
[1]) 18. bis 19. 4. 1977

Generell deutet sich bei allen diesen überregionalen Forschungen der Trend an, daß mobilistische Modell der tangentialen Verschiebung von Lithosphärenplatten versuchsweise anzuwenden bzw. zumindest in seiner Anwendbarkeit kritisch zu überprüfen. Die Klärung paläotektonischer Zustände in bezug auf die ozeanische Kruste der Geosynklinalen stellt hierbei gegenwärtig eines der geologischen Hauptprobleme dar. Darin sind insbesondere die Frage nach der Anlage der Geosynklinalen im ozeanischen bzw. kontinentalen Bereich (ensimatisch/ensialisch) und die des Driftens und Rotierens der Lithosphärenplatten, z. B. Süddrift der Varisziden Mitteleuropas, eingeschlossen.
In diesem Zusammenhang spielt fernerhin die Frage nach den Lineamenten in bezug auf die driftenden Platten bzw. die Gesamtentwicklung der Geosynklinalen eine entscheidende Rolle. So kann nach BURTMAN im mittelasiatischen Teil der UdSSR ein „stationäres Bruchnetz" dieser Kontinentalscholle methodisch abgeteilt werden. Es soll genetisch keine Beziehung zu den Primärbrüchen des ozeanischen Entwicklungsstadiums einer Geosynklinalen aufweisen, weil es erst in den späten Etappen des Geosynklinalprozesses entstand. Nachfolgende Rotationen der Kontinentalscholle führen dabei nur zu einer Änderung des Verschiebungssinns an diesem Bruchnetz.
Über Spezialuntersuchungen an Lineamenten des variszischen Tektogens (Elbezone, Zentralsächsisches Lineament, Talass-Ferganabruch Mittelasiens) informieren die beiden bereits erwähnten Sammelbände des Symposiums. In diesem Zusammenhang wird zukünftig den Spezialuntersuchungen zur Riftogenese als Initialdeformation beim Mobilisierungsprozeß im kontinentalen Krustenbereich eine grundsätzliche Bedeutung zukommen. Von besonderem Interesse wird hierbei sein, eine methodische Verbindung zu den Tiefenbrüchen der klassischen Modellvorstellungen im Sinne ortsbeständiger Lineamente herzustellen, wie sie für den variszischen Südtjanshan (Gissar-Alai-Gebirge) von KUCHTIKOW eingehend beschrieben wurden.

b) Geomechanik, Kinematik und Geodynamik

Sie bestimmen, aufbauend auf den bisherigen stratigraphisch-formationellen-paläotektonischen Erkenntnissen in den Varisziden, in zunehmendem Maße die Forschungsrichtung von Spezial- und Komplexuntersuchungen im variszischen Grundgebirge. Dabei sind das disharmonische Verhalten der Gesteine im Klein- und Großgefüge der Kruste, Stoffumwandlungsprozesse bei der Regional- und Dynamometamorphose sowie Grundsatzfragen der „Paläomobilität" der Kruste (die Polarität der Flyschsenken, Molassetröge und des subsequenten Vulkanismus der Varisziden im Sinne eines Abwanderns in Richtung auf den Außenrand des Tektogens sowie später einer Bewegungsumkehr durch Übergreifen des tektonischen Regimes vom Tafeltyp von der Außensenke auf das Tektogen) von besonderem Interesse.
In den Typengebieten des Saxothuringikums, im Südteil der DDR, ließen sich nach HOFMANN, MATHÉ, PILOT, ULLRICH & WIENHOLZ Regionaleinheiten mit druckbetonter Regionalmetamorphose (Nord- und Zentralerzgebirge) bzw. temperaturbetonter Metamorphose (Südosterzgebirge) aushalten. Das anhand der metamorphen Kristallisation bestimmte Alter der Regionalmetamorphose dieser variszischen Strukturfazieszone ist ausgesprochen heterogen (Rotgneise i. e. S.: 430 Mill. a. anatektische Gneise aus präkambrischen Edukten: 590 bis 540 Mill. a bzw. 430 Mill. a. Lausitzer Metagrauwacke: 610 bis 510 Mill. a und 460 bis 380 Mill. a).
Stockwerksgebundene dynamometamorphe Vorgänge im Bereich des variszischen Schuppen- und Deckenbaus des Fangebirges (Südtjanshan) wies LEONOW in den Schichtenfolgen des Silurs bis Unterkarbons (Jagnobschiefer—Puschnewatfolge) nach; nach M. SCHWAB zeichnen sich auch die gravitativen Gleitdecken des Harzer Variszikums durch Dynamometamorphose (statt durch retrograde Regionalmetamorphose bisheriger Deutung) aus. Der Fortschritt bei der Untersuchung der Metamorphoseprozesse resultiert hier aus der kombinierten Anwendung struktureller, petrologischer und petrophysikalischer Methoden, um die Vorgänge zeitlich, räumlich-minerofaziell und kinematisch-dynamisch aufzulösen; gesucht sind Aussagen zum Edukt sowie zur Stellung der inneren Gesteinsdeformation im Rahmen des tektogenetischen Prozesses.
Besondere Beachtung finden jetzt die vertikalen Stockwerksbeziehungen des variszischen Tektogens, dessen Baustil offensichtlich durch die Deformation tiefer Stockwerke vorbestimmt wird (Ausbildung mediotyper „barrandischer" Deformation über stark verfaltetem cadomischem Sockel, alpinotype variszische Faltung von „saxothuringischem Typ" über hochmobilen Zonen des cadomischen Stockwerks). Analoge Postumitätsbeziehungen lassen sich für die Ausbildung der Trias- und Juratröge oberhalb der unterschiedlich ausgebildeten variszischen Strukturfazieszonen im Bereich der Westkarpaten nach MAHEL nachweisen. Auch in der Lateralen und Vertikalen bestimmen die Zwischengebirge als inhomogene Kerne der variszischen Mobilzone die Metamorphose und Deformation der Begleit- und Deckschichten, wie im Gebiet der Mitteldeutschen Kristallinzone und des Sächsischen Granulitgebirges nachgewiesen wurde.
Diese Wechselbeziehungen zwischen variszischen Krustenanteilen und dem variszischen Tektogen Mitteleuropas zieht man zur Erklärung der unterschiedlichen Zonarausbildung zwischen Moldanubikum, Saxothuringikum, Rhenoherzynikum und den nördlich vorgelagerten Gebieten des Subvariszikums heran. Generell nehmen die Altbauanteile und der damit verbundene Stau des Wärmeflusses ebenso wie die Gesamtmächtigkeit des Altpaläozoikums (zugunsten des Jungpaläozoikums) nach N ab. Die KOSSMATsche Zonengliederung der mitteleuropäischen Varisziden ist nach diesen genetischen Aspekten (einschließlich tiefengeophysikalischer Parameter) entsprechend zu vervollkommnen.
Analoge Erscheinungen der Abhängigkeit der Faltenstrukturen von den präkambrischen Massiven sowie einer Abnahme der Periodizität der Deformation in Annäherung an die Sibirische Tafel beschreibt auch BOGOLEPOW aus den Zentralasiatischen Paläozoiden Südsibiriens („mosaikartige Faltungen" PEJWES).
Grundsätzlich neue Perspektiven für die Klärung genereller Beziehungen zwischen starrer Oberkruste und fließfähiger Unterkruste im Bereich des variszischen Tektogens eröffnet die geologisch-tektonische Interpretation tiefenseismischer Profile, insbesondere zur Zeit-Raumbeziehung der anatektischen Mobilisation und der damit verbundenen „Stratifikation" der Kruste infolge mehrfacher Ausschmelzungsvorgänge. Charakteristisch ist das Auftreten flacher Störungsbereiche in der Unterkruste, die sich zu den einzelnen Homogenitätsbereichen des Oberbaus der Kruste ausgesprochen disharmonisch verhalten, wie Untersuchungen aus dem östlichen Erzgebirge gezeigt haben.
Grundlage aller dieser Untersuchungen sind paläotektonische Analysen oder Forschungen, die auf Aussagen zur Paläotektonik, -kinematik und -dynamik der Kruste orientieren. Einen bemerkenswerten Beitrag zur Paläotektonik der Beckenbildung am Ostrand der Osteuropäischen Tafel während des Oberkarbons bis Präkungur-Perms stellen die Untersuchungen der „Tiefenwasser-Depressionsfazies" des Priurals dar, die sich zwischen dem Kontinentalhang der Tafel (Flachwasserkarbonate) und den Flysch-Molassebecken des Urals entwickelte. Regional gesehen ist diese im Vergleich zu den angrenzenden Formationen geringmächtige Fazieszone ein Bestandteil der Kaspisenke, d. h., sie gehört genetisch nicht zur Westural-Vorsenke im engeren Sinn.
Insgesamt bedeuten alle Spezialuntersuchungen zur Geomechanik, Kinematik und später auch Dynamik eine grundsätzliche Orientierung der Variszidenforschung auf die Prozeßanalyse der Geosynklinalentwicklung bzw. Krustenbildung und damit auf die inhaltlich-kausale Verbindung von Geotektonik und Geophysik (Krustenphysik).

c) Vergleich der Tektogene

Die vergleichende Betrachtung der Tektogene bzw. einzelner Abschnitte innerhalb eines Tektogens vollzieht sich heute bevorzugt über die Analyse relevanter Entwicklungsabschnitte der Krustenbildung und -umbildung. Empirisch läßt sich anhand der untersuchten Typengebiete nachweisen, daß die Vergleichbarkeit der tektogenetischen Entwicklungsetappen verschiedener Teile des variszischen Tektogens vom Hangenden (tiefste Tafeletappe, Molassen- und Flyschetappe, hochgeosynklinale Entwicklung) zum Liegenden deutlich abnimmt, offensichtlich bedingt durch die unterschiedlichen strukturellen Voraussetzungen, die bei der Anlage der einzelnen Teile des Tektogens als „Inhomogenitäten" bestanden und die im Lauf der erdgeschichtlichen Entwicklung der Kruste allmählich abgebaut wurden. Weiterhin zeigt sich, daß es zunächst weniger die zeitlich exakte Datierung der einzelnen geologischen Teilvorgänge ist, die einen ersten Vergleich analoger Teile eines Tektogens zuläßt, als vielmehr die qualitative Ereignisabfolge

Zeitschrift für angewandte Geologie, Bd. 24 (1978), Heft 4

innerhalb der Geosynklinalräume, wie sie in stofflichen und strukturellen Äquivalenten zum Ausdruck kommt.
Entsprechend bietet heute der Reifegrad der bereits erzielten Verallgemeinerungen der Forschungen in der Molassenetappe sowie Flyschetappe optimale Voraussetzungen, den angestrebten Verallgemeinerungsprozeß für geotektonische Aussagen in den Kaledoniden, Alpiden und schließlich auch Proterozoiden gezielt fortzusetzen, selbst wenn die Untersuchungsergebnisse in den terrigenen, flyschoiden Senken des Salairs (Kaledonikum des Sajan-Altais im Zentralasiatischen Faltengürtel) hinsichtlich formationeller und struktureller Entwicklung deutliche Abweichungen vom Typ analoger Elemente der Varisziden aufweisen.
Auch die Analyse der epivariszischen Plattformentwicklung (Tafelstadium) wird zu einem wichtigen Indikator, um in verdeckten Gebieten den Bau des Fundaments einschließlich seiner Innenmassive mittelbar zu klären, wobei die subsequenten Vulkanite der Varisziden durch ihre unterschiedliche formationelle Entwicklung wichtige Hinweise auf die strukturelle Stellung des Fundaments und auch dessen Zerlegung in Blockstrukturen geben können. So zeichnen sich im Gebiet der Turanplatte die präkambrischen und kaledonischen Innenmassive durch eine erhöhte Absenkungstendenz des Meso-Känozoikums aus. Hochlagen besitzen einen granitoiden Magmatismus.
Schließlich sieht MÖBUS in der komplexen Zeit-Raumabhängigkeit von tektogenetischen, diktyogenetischen und epirogenetischen Bewegungs- und Deformationsabläufen der Erdkruste eine gesetzmäßige Beziehung in der Vertikalen und Lateralen („geotektonische Faziesregel"), für deren Vervollkommnung auch aus den Untersuchungen des Geosynklinalprozesses weitere Impulse erwartet werden.

3. Zu einigen Folgerungen, Ausblick

Das bilaterale Symposium zum Variszidenvergleich hat die Möglichkeiten, zugleich aber auch die Notwendigkeit überregionaler Untersuchungen der Varisziden (Herzyniden) als Prototypen für eine Geosynklinalentwicklung herausgearbeitet. Zugleich wurden hierbei die erkenntnistheoretischen Möglichkeiten, aber auch die heutigen Grenzen hinsichtlich der Methodik eines derartigen überregionalen Vergleichs aufgezeigt, der erfahrungsgemäß nur etappenförmig und nach logischen Einzelschritten der Untersuchung nach relevanten Kriterien (Zeit, Stoff, Bewegungsablauf, Intensität der Vorgänge) erfolgen kann, und zwar unter voller Beachtung der Ausgangs- und Randbedingungen beim Ablauf des Geosynklinalprozesses (Postumitätsbeziehungen zum prävariszischen Fundament). Hierfür bietet die Problemkommission IX der multilateralen Kooperation der Akademie der Wissenschaften Sozialistischer Länder optimale Voraussetzungen, um auf kollektiver Basis und unter Nutzung der territorialen Voraussetzungen der sozialistischen Staatengemeinschaft ausgewählte Grundprobleme des variszischen Geosynklinalprozesses und der Entwicklung der Erdkruste nach einem Analyse-Synthese-Programm in Angriff zu nehmen.
Paläotektonische Analysen wichtiger Zeitabschnitte sowie paläogeomechanische und paläogeodynamische Rekonstruktionen werden entsprechend dazu beitragen, das Wechselspiel zwischen Dilatation und Kompression sowie Vertikalbewegung der Mobilzonen der Erdkruste, sowohl im kontinentalen als auch ozeanischen Raum verständlicher zu machen. Die Kenntnis der Gesetzmäßigkeiten der Krustenbildung und -umbildung ist die Voraussetzung für Nachfolgearbeiten einer gezielten metallogenetischen Analyse im Hinblick auf stoffliche Anomalien der Erdkruste, d. h. der Lagerstätten. Gerade hierfür bieten die Varisziden Eurasiens eine hervorragende Ausgangsbasis, wie die neuen Materialien des bilateralen Symposiums gezeigt haben[2]).
In diesem Sinne hat das Symposium neue Ziele für die multilaterale Kooperation gesteckt, die schrittweise, auch in Verbindung mit den Aufgaben der internationalen wissenschaftlichen Forschungsprogramme (Internationales Geologisches Korrelationsprogramm IGCP, Geodynamik-Projekt ICG) zu lösen sind.

K.-B. JUBITZ

[2]) Veröffentlichung der Vorträge ist in der Z. geol. Wissenschaften, 6, Akademie-Verlag, Berlin 1978, vorgesehen.

Einige ausgewählte Literaturangaben

JANSCHIN, A. L.; BURTMAN, W. S. u. a.: Die orogene Entwicklungsetappe der Varisziden Mitteleuropas und in der Sowjetunion. – In: Sbornik statej utschenych GDR i SSSR. – Isdat. Nauka, 144 S., Moskau 1977.

JUBITZ, K. B.; JANSCHIN, A. L.: Die gemeinsamen Arbeiten von Geologen der DDR und UdSSR auf dem Gebiet der theoretischen Tektonik und die Perspektiven ihrer Weiterentwicklung. – Z. geol. Wiss., 4, 1, 49–58, Berlin 1976.

– Zur gemeinsamen Forschungsarbeit von Geologen der DDR und der UdSSR auf dem Gebiet der theoretischen Tektonik, speziell vergleichend-regionaltektonischer Untersuchungen (Mitteleuropa, Ural, Tjan-shan). In: Verbündete in der Forschung. – Akademie-Verlag, S. 221–230, Berlin 1976.

SCHROEDER, E. (Red.): Probleme der Varisziden in Mitteleuropa und im Gebiet der UdSSR. – Veröff. Zentral. Inst. Physik der Erde, 44, T. 1, 280 S., Potsdam 1977.

SONENSCHAJN, L. P.; GORODNIZKIJ, A. M.: Die Paläoozeane und die Bewegung der Kontinente. – Priroda, 11, 74–83, Moskau 1976.

„Landslides and other mass movements"

– Tagungsbericht –

Die „International Association of Engineering Geology" (IAEG) veranstaltete am 15. und 16. September 1977 in Prag ein internationales Symposium zum Thema „Rutschungen und andere Massenbewegungen". Unsere Fachkollegen der Ingenieurgeologie in der ČSSR besitzen auf Grund ihrer langjährigen intensiven Untersuchungen und Dokumentation von Rutschungen große theoretische und praktische Erfahrungen bei der Bearbeitung solcher Erscheinungen. Ursache für das gehäufte Auftreten derartiger, teilweise katastrophaler geodynamischer Erscheinungen in Gebieten der ČSSR sind die geologischen Verhältnisse, d. h. das Vorhandensein von kompetenten über inkompetenten Schichten.
Der Einladung der IAEG zum Symposium waren Delegationen aus 28 Ländern der Erde gefolgt; darunter auch eine Delegation aus der DDR. Die nationale Gruppe der ČSSR in der IAEG leistete bei der Vorbereitung und Durchführung der Veranstaltung eine vorbildliche Arbeit. Zwei eintägige Vorexkursionen führten die Teilnehmer nach Nordwest- sowie Nordostböhmen. An zahlreichen Beispielen sowohl fossiler als auch rezenter Rutschungsgebiete im Bereich von Fernverkehrsstraßen und Talsperren kam es zu interessantem fachlichen Meinungsstreit.

Eingang des Manuskripts in der Redaktion: 29. 12. 1977.

Das Symposium war in vier Themengruppen gegliedert, neben Generalberichten und „Panel reports" wurden nationale Kurzberichte vorgetragen.

Themengruppe 1

„Systematische Voruntersuchung, Kartierung und Dokumentation von Hangbewegungen; Ermittlung der Einflußgröße geologischer und klimatischer Faktoren auf die Hangstabilität; Methoden und wirtschaftliche Bedeutung sowie Notwendigkeit der Dokumentation von Hangbewegungen; Einsatz der Aerophotographie" (Leitung: R. LEGGET – Canada).

Themengruppe 2

„Tiefreichende gravitative Deformation von Berghängen, Beziehungen zwischen Tektonik und gravitativer Deformation sowie die technisch-ökonomische Bedeutung dieser Deformation für Ingenieurbauten" (Leitung: J. GAZEL – Frankreich).

Themengruppe 3

„Einschätzung der Wirksamkeit von Korrekturmaßnahmen entsprechend der geologischen Bedingungen und Typen der Böschungsbewegungen; Erfahrungen mit Korrekturmaßnahmen bei Böschungsbewegungen" (Leitung: J. BUATSCHIDSE – UdSSR).

Themengruppe 4

„Moderne Methoden bei der Untersuchung von Massenbewegungen, In situ-Messungen der Deformationen, der mechanischen Eigenschaften des Gebirges und der Spannungsbedingungen im Gebirgsmassiv, Bestimmung der Restscherfestigkeit in gestörten Zonen und Modellversuche" (Leitung: W. R. DEARMAN — England).

Im Generalbericht der Themengruppe 1, den COTECCHIA — Italien erstattete, wurden die allgemeinen Grundsätze und Erkenntnisse zur Gesamtproblematik „Rutschungen und Massenbewegungen" dargelegt, wobei besonders die Erfahrungen der Fachleute aus internationaler Sicht ausführlich behandelt wurden. Neben Ausführungen über die Kartierungsmethoden und der Dokumentation von Hangbewegungen wurden Hinweise über die Bedeutung der Einflußgrößen geologischer und klimatischer Faktoren auf die Hangstabilität sowie die Bedeutung der Aerophotographie gegeben.
Der Generalbericht zur Themengruppe 2, erstattet von TER-STEPANIAN — UdSSR, befaßte sich mit der ingenieurmäßigen Behandlung von Rutschungen und Massenbewegungen. Der Berichterstatter würdigte, ausgehend vom klassischen Werk „Mechanism of landslides" (TERZAGHI), die bisher erreichten Ergebnisse, die nur durch die intensiven Bemühungen zur Klärung von Rutschungsproblemen möglich waren. Aus der Fülle der vorliegenden Literatur gab er einen gut zusammengefaßten Überblick zu den drei Komplexen: Blockrutschungen; — kriechende Verformung steiler und hoher Hänge entlang von Rotationsflächen; — rasch ablaufende, lawinenartige Prozesse großen Ausmaßes.
Die sich anschließenden Kurzvorträge berührten die verschiedenartigsten Probleme, mit denen sich die Fachleute in ingenieurmäßiger Weise auseinanderzusetzen haben (z. B. BRUCE, Canada, „Die dynamischen Verhältnisse des Hope-Erdrutsches"; POSTOJEW u. a. „Erfahrungen mit der künstlichen Aktivierung einer Rutschung vom Blocktyp" u. a.).
Durch den Generalberichterstatter HUTCHINSON — England, wurde das Thema 3 des Symposiums eingeleitet. Dieser Beitrag befaßte sich ausschließlich mit Korrekturmaßnahmen bei instabilen Böschungen. Als Resumé von 166 gedruckt vorliegenden Arbeiten gab er einen ausführlichen Überblick hinsichtlich nachstehender Korrektur- und Sanierungsmaßnahmen: Abflachungen und Anschüttungen; Entwässerung; Stützkonstruktionen (Wände, Pfähle, Anker); chemisch-physikalische Methoden (Injektionen, thermische Verfahren) und Erosionsschutz.
Der Vortragende betonte die Notwendigkeit, vor Beginn von Korrekturmaßnahmen deren Auswirkungen auf den labilen Hangbereich stets zu berücksichtigen. Dabei wurde eine Methode erläutert, wie „Einflußparameter" für die Änderungen des Sicherheitsfaktors, die aus Korrekturmaßnahmen resultieren, ermittelt werden können.
So wird im Berechnungsquerschnitt ein „neutraler Punkt" (bzw. als Verbindung mehrerer solcher Punkte über die gesamte Rutschung im Lageplan eine „neutrale Linie") definiert, für den $\Delta\eta = 0$ ist. Entsprechende Ableitungen zur Berücksichtigung von Auflaständerungen sowie Veränderungen der Porendruckverhältnisse sind angegeben. Konkrete Beispiele sind unter Verwendung des vereinfachten BISHOP-Verfahrens als auch der Methode von MORGENSTERN & PRICE durchgerechnet und deren Ergebnisse graphisch ausgewertet worden, wonach die effektivsten Bereiche des Ansatzes von Korrekturmaßnahmen ausgewählt werden können.
Mit dem Thema 4 durch den Vortrag des Berichterstatters MENCL — ČSSR wurde das Symposium beendet. Er behandelte zwei Gruppen von Böschungsproblemen, die bei einer Stabilitätsanalyse zu berücksichtigen sind. Für die erste Gruppe ist nur die Kenntnis einiger charakteristischer Eigenschaften des Gebirges notwendig. Die Stabilitätsanalyse erfolgt nach den sogenannten „klassischen" Verfahren. Der zweiten Gruppe werden die Probleme zugeordnet, bei denen die Deformationseigenschaften des Gebirges berücksichtigt werden müssen und die daher als statisch unbestimmt bezeichnet werden.
Bei der Behandlung von Problemen der ersten Gruppe richten sich die ingenieurgeologischen Untersuchungen hauptsächlich auf Lage und Form bereits existierender bzw. potentieller Gleitflächen, die hydrogeologischen Verhältnisse, die Scherfestigkeit auf den Gleitflächen sowie auf die Verfahren der Stabilitätsanalyse. So wird z. B. die Tiefe und Krümmung der Gleitflächen von verschiedenen Faktoren beeinflußt, die eine exakte Vorausbestimmung erschweren bzw. unmöglich machen. Es sind daher präzisere Untersuchungen erforderlich, für die geeignete Methoden auszuarbeiten sind. Einen Schritt in dieser Richtung stellt die in der ČSSR entwickelte Meßeinrichtung zur Bestimmung der Lage der Gleitflächen dar (HICKL).
Eine andere Möglichkeit ist die Anwendung geophysikalischer, insbesondere geoakustischer Methoden, wie sie von NOVOSAD, BLAHA und KNEJZLIK beschrieben werden. Bisher war es üblich, bei der Analyse von Massenbewegungen die Verschiebung einzelner Punkte aufzunehmen.
Als äußerst interessant und effektiv erwies sich weiterhin die von FUSSGÄNGER und JARDON (ČSSR) entwickelte Meßeinrichtung, mit der zusätzlich auch die Spannungen an der Böschungsoberfläche ermittelt werden können. Dadurch lassen sich die Bewegungsvorgänge noch besser erfassen und auswerten als mit der bisherigen Methode, bei der ausschließlich die Verschiebung einzelner Punkte aufgenommen wurde.
Für die Stabilitätsanalyse statisch unbestimmter Probleme haben sich im wesentlichen zwei Verfahren durchgesetzt: Physikalische Modelle und die Methode der finiten Elemente. Die Modellmethoden tragen wesentlich zum Verständnis der komplizierten Verhältnisse in Böschungen bei. Das trifft auch auf die Methode der finiten Elemente zu. Mit diesem Verfahren können die realen Bedingungen simuliert und einfach variiert werden.
Die Nachexkursion vom 18. bis 21. 9. 1977 vermittelte einen Überblick über die ingenieurgeologischen Verhältnisse im Bereich der Westkarpaten. Von Interesse erscheint hier die Tatsache, daß das Territorium dieses Gebiets der ČSSR für ingenieurgeologische Belange in vier Regionen aufgegliedert wurde. Alle ausgeschiedenen Flächen unterscheiden sich wesentlich in ihren ingenieurgeologischen und hydrogeologischen Verhältnissen, die wiederum die Voraussetzung zur Herausbildung bestimmter Rutschungstypen in diesen Bereichen bilden. Während dieser Exkursion hatten die Teilnehmer die Gelegenheit, die wichtigsten Rutschungstypen in den verschiedenen Regionen und Gebieten sowie durchgeführter Sanierungs- bzw. Schutzmaßnahmen kennenzulernen.
Allen Teilnehmern am Symposium wurden die vorgetragenen Beiträge in Form des Bulletin Nr. 16 der IAEG übergeben, so daß für an dieser Problematik interessierte Kollegen eine weitere Möglichkeit der Information besteht. Zusammenfassend kann gesagt werden, daß das Symposium ein hohes wissenschaftliches Niveau aufwies und die gewonnenen Erkenntnisse auch für ingenieurtechnische Aufgabenstellungen in unserer Republik Anwendung finden werden.

G. BACHMANN, Berlin

Buchbesprechungen

BORSDORF, K.-H.; WUTZKE, U.

Die geologische Literatur über den Harz 1958–1975
Harzbibliographie

Berlin: Zentrales Geologisches Institut, 1977. Abhandlungen des Zentralen Geologischen Instituts Nr. 35, 99 S., 5 Abb., M 20,—

Die Harzforschung — seit alters ein spezielles Gebiet zum Studium prinzipieller geologischer Probleme der Stratigraphie, Tektonik, Lithologie und Fazies, hat in den letzten 20 Jahren einen neuen Aufschwung erlebt. Während — nach GALLWITZ — in den Jahren zwischen 1913 und 1951 nur 297 wissenschaftliche Arbeiten über dieses Generalthema veröffentlicht wurden, waren es in den Jahren 1958 bis 1975 deren 764. Diese Epoche liegt dieser Bibliographie zu Grunde. Die Fülle von Veröffentlichungen ist ein Zeichen dafür, daß die Harzproblematik an Aktualität nicht nur nichts verloren, sondern gewonnen hat. Die einzelnen Themen umfassen vor allem das Grundgebirge; die Schichtenfolge des Zechsteins und des Meso-Känozoikums wurden nur insofern berücksichtigt, als sie in Resten auf dem alten Gebirge noch vorkommen.
Somit knüpft diese Bibliographie inhaltlich und zeitlich an die alten Bibliographien von SCHULZ (1912), GALLWITZ (1951) und DAHLGRÜN (1959) an. Es liegt nunmehr eine vollständige Zusammenfassung der geologischen Literatur über den Harz vor, die eine Zeit von mehr als 250 Jahren umfaßt. K. KAUTER

Autorenkollektiv

Prospecting in areas of glaciated terrain 1977

London: The Institution of Mining and Metallurgy 1977. 140 S., zahlr. Abb., £ 16,—

Diese Veröffentlichung „Prospektionen in eisbedeckten Gebieten 1977" ist die Zusammenstellung von Beiträgen aus einem Symposium, das vom 15. bis 18. 8. 1977 in Helsinki stattgefunden hat. Organisiert von „Institution of Mining and Metallurgy" in Kooperation mit „Geological Survey of Finland", war es das dritte dieser Art. Das erste fand 1973 in Trondheim, das zweite 1975 in Edinburgh statt.
Ausgehend von den Tatsachen, daß die Aufdeckung der Mineralisation unter der Eisbedeckung für Geologen vieler Länder gleichermaßen von Interesse und der Erfahrungsaustausch über die Anwendung effektiver Suchmethoden äußerst wichtig ist, sollen diese 17 Beiträge dazu dienen, einen großen Leserkreis über die Untersuchungen zu informieren.
Es wird über die Anwendung der Humusanalyse bei der geochemischen Prospektion berichtet, über Probenahmemethoden für Geschiebelehm bei der Erkundung von Scheelit in Kaustinen (Finnland) und Probleme des geochemischen Kontrastes in den Böden Finnlands. Die Beiträge beinhalten weiterhin die Suche und Erkundung der Uranlagerstätte von Plutajock, in Nordschweden, und die glaziale Urandispersion im Distrikt Keewatin, in Kanada, ebenso eine nochmalige Bewertung des Erzpotentials von Korsnäs (Finnland) mit Hilfe der Geochemie und die Prospektion von Lithium und Wolfram in Irland. Besondere Beachtung findet in jedem Fall die Effektivität verschiedener Suchmethoden im Verhältnis zu Art und Intensität der Vereisung. Darüber hinaus wird auch über die Anwendung aerogeophysikalischer und elektromagnetischer Methoden berichtet, z. B. bei der Untersuchung des Glazialtransports in Nordfinnland, und mächtiger Deckschichten bei Kolari (Finnland) sowie über Aspekte der fotogeologischen Interpretation des Karbonatitmassivs von Sokli (finn. Lappland) und die Stratigraphie des Geschiebelehms der Halbinsel Kola. Aus den angeführten Beiträgen ist die Vielschichtigkeit der behandelten Thematik ersichtlich, die einen großen Interessentenkreis finden wird. E. WAMSER

MEISSNER, R.; STEGENA, L.

Praxis der seismischen Feldmessung und Auswertung

Budapest: Akadémiai Diadó 1977 und Berlin/Stuttgart: Gebr. Bornträger 1977. 275 S., 197 Abb., 7 Tab., 193 Lit.

Das Buch ist als Heft 1 der Reihe „Studienhefte zur Angewandten Geophysik" erschienen, die von ROSENBACH & HELBIG herausgegeben wird. In Vorbereitung befinden sich weitere Hefte. Mit diesen wird ein umfassendes Werk von Lehrbüchern für das Gebiet der Angewandten Geophysik geschaffen. Das vorliegende Heft 1 läßt bezüglich der Brauchbarkeit als Hochschullehrbuch keine Wünsche offen. Inhaltlich logisch aufgebaut und didaktisch einwandfrei wird in einer klaren Sprache der nicht einfache Stoff dem Leser nahe gebracht. Nicht nur Studierende, sondern auch erfahrene Praktiker werdern gern zu diesem Buch greifen.
Es ist in 13 Kap. unterteilt, die folgerichtig aneinander anschließen. So wird nach den einleitenden Kap. 1 und 2, deren Gegenstand die geologischen und geophysikalischen Grundlagen der Angewandten Seismik sind, in Kap. 3 bis 5 das seismische Signal von seiner Erregung bis zu seiner Messung am Geophon verfolgt. Die Kap. 6 und 7 behandeln die Feldmeßtechnik der Reflexions- und der Refraktionsseismik, und mit Kap. 8 beginnt der Teil, der sich vorwiegend mit der Auswertung befaßt. Nach Ausführung über das „Anreißen" korrellierbarer Einsätze (Kap. 8) folgt in Kap. 9 die Abhandlung der Korrekturen für die strahlengeometrisch bedingten statischen Laufzeitfehler. Anschließend werden in Kap. 10 die Methoden der Geschwindigkeitsbestimmung aus Bohrlochmessungen sowie aus Reflexions- und Refraktionsbeobachtungen dargelegt. Auch die Geschwindigkeits-Tiefenberechnung aus Tauchwellen, d. h. die Verfahren für die Erkundung größerer Krustentiefen, werden hier behandelt.
Der Schwerpunkt des Themas Auswertung ist in Kap. 11 zu finden. Nach eingehender Behandlung der herkömmlichen Verfahren wird hier — wohl erstmalig — die Digitaltechnik behandelt, wie sie heute in der Reflexionsseismik Anwendung findet: digitale Aufzeichnungssysteme, Filterverfahren, Dekonvolutionsmethoden, Stapelverfahren, synthetische Seismogramme.
In Kap. 12 wird die Auswertung der Refraktionsmessungen abgehandelt. Hier steht in stärkerem Maße als bei Reflexionsmessungen die Analyse der Laufzeitkurven und die Berücksichtigung dynamischer Eigenschaften im Vordergrund. Die räumliche Darstellung der im allgemeinen profilmäßigen seismischen Messungen in Form von Tiefenlinienplänen der gefundenen Reflektoren bildet Kap. 13 des Buchs. Ein sehr gutes Stichwortverzeichnis erleichtert dem Leser seine Benutzung. R. ZEUCH

WOITKEWITSCH, G. B.; MIROSCHNIKOW, A. E.; POWARENNYCH, A. S.; PROCHOROW, W. G.

Kurzes Nachschlagewerk zur Geochemie

Moskau: Nedra 1977. 2. Aufl., 184 S., 117 Tab., 18 Abb., 313 Lit.

Die vorliegende überarbeitete und ergänzte zweite Auflage des 1970 erschienenen Nachschlagewerks ist Mineralogen und Geochemikern ein wertvolles Hilfsmittel, kann aber hinsichtlich Umfang und Aufmachung, das sei vorweggenommen, die RÖSLER-LANGE-Tabellen nicht ersetzen.
Das 1. Kap., „Allgemeine Angaben über die Erde", enthält die üblichen Konstanten und Daten über die geophysikalischen und chemischen Eigenschaften der Erde, des Mondes, der Sonne und der anderen Planeten. Kap. 2., „Einige Eigenschaften der Elemente, Minerale und Gesteine", wurde aus zwei Kap. der ersten Ausgabe neu zusammengestellt. Die wichtigsten Angaben über die Verteilung der chemischen Elemente in den einzelnen Geosphären, speziell in der Erdrinde, in den wichtigsten Gesteinstypen der Erde und des Mondes sowie in der Hydro- Atmo- und Lithosphäre der Erde und in der lebenden Substanz bringt Kap. 3. Der Mineral- und Gesteinschemie, der chemischen Zusammensetzung der Wässer und einzelner Organismen ist Kap. 4 gewidmet. Danach werden in Kap. 5 Angaben zur Verteilung der stabilen Isotope in natürlichen Bildungen und zu Prozessen der Isotopenfraktionierung gemacht, wobei im einzelnen die Isotopie der Elemente H, C, N, O und S behandelt wird. Die physikalischen Eigenschaften der radioaktiven Elemente werden in Kap. 6, „Kern-Geochronologie", sehr kurz und nur unter dem Aspekt der absoluten Altersbestimmung abgehandelt. Das abschließende 7. Kap. heißt „Geochemische Besonderheiten des Auftretens der Elemente". Darin sind Angaben zu geochemischen Klassifikationen der Elemente, zur Nutzung der Minerale und über die Zusammensetzung natürlicher Gase gemacht. Eine Zusammenstellung der wichtigsten sowjetischen und internationalen Literatur, ein Anhang mit physikochemischen Konstanten und ein Sachwortverzeichnis schließen das Buch ab. P. KRÜGER

Informationen

Zum Entwicklungstempo der RGW-Länder

In der nachstehenden Tab. weist eine Gegenüberstellung der Produktionen einzelner wichtiger Erzeugnisse in den Ländern des RGW und der EWG aus, wie sich in der Zeit von 1950 bis 1976 das Produktionsvolumen zu gunsten des RGW-Bereichs verschoben hat.

	1950		1976	
	RGW	EWG	RGW	EWG
Elektroenergie (Mrd. kWh)	136	193	1485	1106
Steinkohle (Mill. t)	283	437	713	240
Erdöl (Mill. t)	44	3	540	20
Erdgas (Mrd. m^3)	9	1	358	178
Zement (Mill. t)	19	39	189	132

Tagebauproduktion in der UdSSR

Seit den vierziger Jahren hat sich in der Sowjetunion die Gewinnung von Bodenschätzen im Tagebau immer stärker entwickelt. Es wurden inzwischen sehr große Bergbaubetriebe aufgebaut und mechanisierte Komplexe für die Gewinnungs- und Förderarbeiten geschaffen. Beim Abbau von Bodenschätzen im Tagebau liegt die Arbeitsproduktivität vier- bis fünfmal höher als bei einer Untertageproduktion. In der UdSSR werden z. Z. 75% aller Bodenschätze im Tagebau gewonnen. In den letzten 20 Jahren veränderte sich der spezifische Anteil der Tagebaugewinnung an der Gesamtgewinnung der Bodenschätze wie folgt (in %).

	1955	1975
Kohle	16,6	32,7
Eisenerz	48,9	82,5
Buntmetallerze	50,0	62,2
Manganerz	—	66,4
Phosphorite	39,2	73,0
Chromite	70,0	94,0

Die bevorzugte Gewinnung von Bodenschätzen im Tagebau kann nach Voraussagen auf Grund einer Analyse der geologischen Bedingungen noch bis zum Ende dieses Jahrhunderts betrieben werden.

Welterdölreserven

Die Erdölreserven der Welt, auf den Festländern und unter Meeresüberdeckung bis zu 200 m, betragen derzeit ca. 300 Mrd. t. Die Verteilung der gewinnbaren Erdölvorräte sieht folgendermaßen aus.

Naher Osten und Nordafrika	42%
Sozialistische Länder	25%
Nordamerika	11%
Südafrika und Sahara	9%
Westeuropa	4,5%

45% aller Reserven befinden sich in Off-shore-Bereichen.

Erdöl in den Vereinigten Arabischen Emiraten (VAE)

Von allen OPEC-Ländern steigerten die VAE seit 1970 ihre Erdölförderung am stärksten. Im Jahre 1976 nahmen sie bereits den sechsten Platz in der Erdölproduktion der OPEC-Länder ein. Innerhalb der VAE sind die Lagerstätten an Erdöl ungleichmäßig verteilt. Erdöl wird bisher nur in Abu Dhabi, Dubai und Sharjah gewonnen. Auf Abu Dhabi entfielen 1976 80% der gesamten Erdölförderung der VAE. Die Produktion auf den Territorien der drei Länder zeigt, nach „Petroleum Economist" (1977), nachstehende Tabelle (in 1000 t):

	1973	1974	1975	1976
Gesamt	73572	81041	81890	94103
Abu Dhabi	62525	67804	67261	76536
Dubai	11047	12072	12718	15710
Sharjah	—	1165	1911	1857

Die Erdölreserven von Abu Dhabi betragen knapp 4 Mrd. t. Sie werden für etwa 60 Jahre reichen. Auch in den übrigen Emiraten wird Erdöl erkundet. Kürzlich gaben Ras al Khaimah und Fujaira Erdölfunde auf ihren Territorien bekannt. In Ras al Khaimah rechnet man damit, noch in diesem Jahr Erdöl exportieren zu können.

Sambia: Copperbelt

Eine Provinz im N des Zentralteils der Republik Sambia erhielt auf Grund ihres Kupferreichtums den Namen „Copperbelt". Der Kupfergürtel dieser Provinz mit einer Fläche von 30000 km^2 bildet den größten zusammenhängenden Kupferbergbaukomplex der Erde. In einem Revier von 110 km Länge und 50 km Breite befinden sich hier 25% aller bisher auf der Erde erkundeten Kupfervorräte. Sie werden auf 800 Mill. t Erz mit einem Gehalt von durchschnittlich 3,4% geschätzt. Sambias Kupferproduktion betrug im Jahre 1974 734000 t. Sie sank infolge der anhaltenden Krisenerscheinungen der kapitalistischen Welt 1976 auf 675000 t ab. Mit einem Anteil von 14% an der Weltproduktion gehörte Sambia neben der UdSSR, den USA, Chile und Kanada zu den fünf führenden Kupferproduzenten der Welt.
Neben Kupfer treten in dieser Provinz auch noch Lagerstätten von Kobalt, Selen, Eisen, Mangan, Gold, Graphit, Zink und Uran auf.

Testaufnahmen mit Multispektralkamera

Wissenschaftler verschiedener Fachrichtungen aus der DDR haben das Aufnahmegebiet Süßer See (3 × 4 km^2), im östlichen Harzvorland, planmäßig untersucht. Es befindet sich am Südrand der Mansfelder Mulde. Hier kam es durch die Auslaugung von Zechsteinsalzen zu Senkenbildungen. Bei den Untersuchungen standen die Disziplinen der Strukturgeologie, der Tektonik, Fragen der Erdfälle, Bodenkunde und landwirtschaftlichen Flächennutzung, Naturraumeinheiten, Hydrologie, Wasserwirtschaft und der landeskulturelle Zustand im Vordergrund.

Die Aufnahmen dieses Gebiets stellen durch die Vielfalt der festgehaltenen Geländemerkmale gute Testaufnahmen dar. Es ließen sich beispielsweise auf den Bildern ohne Schwierigkeiten die bereits bekannten Erdfälle identifizieren. Sie konnten mit großer Genauigkeit kartographisch festgelegt werden. Außerdem gelangte man zu Aussagen über die zeitliche Entstehung der Senken. Die aus 7000 m Höhe gemachten Aufnahmen boten zudem die Möglichkeit, zahlreiche, bisher unbekannte Senkungserscheinungen auszukartieren. Außerdem konnten mit Hilfe der neuen Multispektralaufnahmen wichtige Erkenntnisse bodenkundlicher Art gewonnen werden.

Flußverlegung der Weißen Elster

Um ein Braunkohlenfeld des Tagebaus Zwenkau, in der DDR, in Betrieb nehmen zu können, mußte zur Gewinnung der hier lagernden 300 Mill. t Kohle der Flußlauf der Weißen Elster verlegt werden. Die Verlagerung wurde auf einer Strecke von 12 km nördlich von Leipzig, zwischen den Orten Wiederau und Hartmannsdorf, vorgenommen. Die Abdichtung des neuen Flußbetts gegen den Untergrund besteht aus Bitumenbeton. Die Kohlegewinnung in dem neuen Abbaugebiet soll in diesem Jahr beginnen.

Kurznachrichten

Die **Welterdölförderung** erreichte 1976 den Rekord von 2,9 Mrd. t. Daran hatten Anteil: UdSSR (521 Mill. t), Saudi-Arabien (429), Iran (294), Nigeria (101), Libyen (92). In den USA (403) und in einigen anderen Ländern ging die Produktion zurück. Die Reihenfolge blieb auch im 1. Halbjahr 1977 unverändert.

Die **DDR** erhält im Fünfjahrplan 1977 bis 1980 aus der **UdSSR** etwa 90 Mill. t **Erdöl** und 22 Mrd. m³ Erdgas. Allein das Revier Tjumen lieferte 1975 in der UdSSR jede 3. geförderte t Erdöl. Am Ende des 10. Fünfjahrplans wird es jede 2. sein. Die dortige Erdgasproduktion wird von 1977 bis 1980 verdoppelt werden.

In Kiskunhalas, **Ungarische VR**, werden gegenwärtig 2 neue **Erdöllagerstätten** erschlossen, aus denen ab 1980 100000 t/a gefördert werden sollen. Neben Zala und Algö ist dies das 3. bedeutende Erdölfeld. Die gesamte Erdölproduktion der Ungarischen VR beträgt derzeit ca. 2 Mill. t.

Die **UdSSR** will die **Kohlenproduktion** bis zum Jahr 2000 auf 1. Mrd. t steigern. 1976 wurden 712 Mill. t gefördert; 1980 werden es ca. 800 Mill. t sein. Der Produktionszuwachs wird durch die Einbeziehung neuer Lagerstätten in Sibirien möglich gemacht.

Die **Zinnproduktion** der **DDR** soll bis 1980 auf 143 bis 145% erhöht werden. Die Lagerstätten bieten alle Voraussetzungen für eine derartige Steigerung. In allen Produktionsstufen, vom Abbau über die Aufbereitung zur Verhüttung, vollzieht sich ein enges Zusammenwirken mit entsprechenden Stellen der UdSSR.

In der **DVR Algerien** erkundeten sowjetische Geologen **neue Lagerstätten** an Quecksilber, Baryt, Antimon, Zink und Wolfram. Aus den reichen Phosphatlagerstätten des Landes werden 800000 t/a gefördert. In den nächsten Jahren soll auf diesem Sektor eine Steigerung auf 5 Mill. t/a erfolgen.

Das Königreich **Jordanien** hat ein Projekt aufgegriffen, um aus dem Wasser des Toten Meeres **Kali** zu gewinnen. Das Projekt sieht Verdunstungsteiche mit einer Oberfläche von insgesamt 40 Quadratmeilen sowie eine Aufbereitungsanlage vor, die jährlich 1,2 Mill. t Kali erbringen sollen.

Die **afrikanischen Staaten** Tansania, Moçambique, Sambia, Malawi, Äthiopien, Madagaskar, Botswana, Lesoto, die Komoren und die Seychellen haben ein Entwicklungszentrum für Bodenschätze gegründet. Es soll die Suche und Erkundung von mineralischen Rohstoffen aller Art koordinieren.

In der **ČSSR** erhöhte sich 1976 die Förderung von **Kohle** gegenüber dem Jahr zuvor um 2,9%. Die Elektroenergie nahm in dieser Zeit um 5,8% zu. Die Produktion von Baustoffen, darunter Zement, stieg um 7,4% an; dabei Betonbauelemente um 5,9% und keramische Fliesen um 6%.

Marokko plant, ab 1980 aus der **Phosphatproduktion** von ca. 25 Mill. t/a ca. 6,5 Mill. t für die Produktion von Phosphorsäure abzuzweigen, die etwa 60 t 85%iger Uranverbindungen enthalten sollen. Diese Menge Uran würde für den Betrieb von drei 1300-MW-Kernkraftwerken ausreichen.

Bezugsmöglichkeiten der „Zeitschrift für angewandte Geologie"

Bestellungen sind zu richten

- **in der DDR** an den Postzeitungsvertrieb; an eine Buchhandlung oder an den Akademie-Verlag, DDR 108 - Berlin, Leipziger Straße 3–4
- **im sozialistischen Ausland** an eine Buchhandlung für fremdsprachige Literatur oder an den zuständigen Postzeitungsvertrieb
- **in der BRD und Westberlin** an eine Buchhandlung oder an die Auslieferungsstelle KUNST und WISSEN, Erich Bieber, 7 Stuttgart, Wilhelmstraße 4–6
- **in Österreich** an den Globus-Buchvertrieb, 1201 Wien, Höchstädtplatz 3
- **im übrigen Ausland** an den Internationalen Buch- und Zeitschriftenhandel; den Buchexport, Volkseigener Außenhandelsbetrieb der Deutschen Demokratischen Republik. DDR - 701 Leipzig, Postfach 160, oder an den Akademie-Verlag, DDR - 108 Berlin, Leipziger Straße 3–4.

„Zeitschrift für angewandte Geologie"

Herausgeber: Prof. Dr. KARL SCHMIDT, Direktor des Zentralen Geologischen Instituts, Berlin, im Auftrage des Ministeriums für Geologie der Deutschen Demokratischen Republik.

Chefredakteur: Dr. KURT KAUTER, Zentrales Geologisches Institut, Berlin.

Anschrift der Redaktion: DDR - 1054 Berlin, Kastanienallee 69 (Fernruf 2824293/2824593).

Verlag: Akademie-Verlag, DDR - 108 Berlin, Leipziger Straße 3–4; Fernruf: 2236221 oder 2236229; Telex-Nr. 114420.

Bank: Staatsbank der DDR, Berlin Kto.-Nr. 6836-26-20712.

Veröffentlicht unter der Lizenznummer 1279 des Presseamtes beim Vorsitzenden des Ministerrates der Deutschen Demokratischen Republik.

Gesamtherstellung: VEB Druckhaus „Maxim Gorki", DDR - 74 Altenburg.

Erscheinungsweise: Die Zeitschrift erscheint monatlich. Die 12 Hefte eines Jahres bilden einen Band. Bezugspreis je Band 144,– M zuzüglich Versandspesen (Preis für die DDR 24,– M). Bezugspreis je Heft 12,– M (Preis für die DDR 2,– M).

Bestellnummer dieses Heftes: 1047/24/4.

AN (EDV) 32138

Zeitschrift für angewandte Geologie 4/78

Herausgegeben vom Zentralen Geologischen Institut Berlin im Auftrag des Ministeriums für Geologie der Deutschen Demokratischen Republik
Verlag: Akademie-Verlag, 108 Berlin, Leipziger Straße 3—4

Максимов, С. П.; Строганов, В. П.

Условия для раздельного образования нефтяных и газовых зон аккумуляции в земной коре

Z. angew. Geol., Берлин, 24 (1978) 4, стр. 149—156, 41 лит.

Автор обсуждает проблему раздельного образования нефтяных и газовых месторождений с разных точек зрения как в мировом виде так и в виде генезиса специальных провинций и впадин углеводородов. Они составляют закономерности, являющиеся основой прогноза углеводородов и имеющиеся чрезвычайную пользу для планирования прироста нефти и газа.

Соколов, В. Л.; Симоненко, В. Ф.

Эволюция газообразования в процессе углефикации по экспериментальным данным

Z. angew. Geol., Берлин, 24 (1978) 4, стр. 156—162, 4 илл., 2 табл., 13 лит.

Гумусовые клареновые угли нормального ряда углефикации подвергались длительному (до 18 суток) термобарическому воздействию ($t = 100 - 300°$, $P = 300 - 2000$ кГ/см²) на специально сконструированной установке. Состов и интенсивность выделения новобразованных при этом газов обнаружили определенную эволюцию в ряду испытанных углей, которая рассматривается в качестве осуществленной модели газообразования при углефикации. Согласно этой модели основная масса газа углефикации выделяется на ее ранних стадиях (Б—Д) и состоит преимущественно из двуокиси углерода (85—97% главная фаза газообразования). На средних стадиях углефикации (Г—ОС) последовательно возрастает концентрация углеводородных газов (до 80%), главным образом за счет гомологов метана (фаза газонефтеобразования). На высших стадиях углефикации (ПА-и А) углеводородная часть газовой фазы (71%) представлена практически одним метаном (главная фаза метанообразования).

Кретчмар, Х.-Й.; Сейме, Т.

Числовая симуляция радиальносимметричного течения газа в скважине

Z. angew. Geol., Берлин, 24 (1978) 4, стр. 162—166, 2 илл., 1 табл., 6 лит.

Развитие подземно-гидравлических числовых способов симуляции и распространяются на явления радиальносимметрического течения в скважине. Для течения реального газа выводится и программи — руется двухмерную модель цилиндрическими координатами, которая в основном способе может вычислить будущий ход давления и мощности, а в обратном способе свойства коллектора в близи скважины. Устанавливается на возможностях и ограничениях практического применения.

Монке, М.; Гэфлинг, Р.

Обогащение благородных газов в газовых смесах для измерения малых концентраций

Z. angew. Geol., Берлин, 24 (1978) 4, стр. 166—168, 1 илл., 1 табл., 2 лит.

Описывается метод, при помощи которого возможно обогатить благородные газы в газовых смесах. Обогащение служит газо- и изотопно-аналитическим целям и исполняется количественно и полуавтоматически.

Роде, Г.; Тишендорф, Г.

Сообщение о местонахождении крокоита у г. Калленберга/Саксония

Z. angew. Geol., Берлин, 24 (1978) 4, стр. 168—173, 5 табл., 7 лит.

В 3-м марта 1977 г. было срезано в рудном горизонте открытой разработки никеля Калленберга местонахождение крокоита. Крокоитовая минерализация концентрируется на область пересечения двух, перпендикулярных друг другу сильно разложенных гранитовых даек. Крокоит встречается здесь как в виде хорошо выраженных кристаллов, так и в виде сплошных масс. В виде сопутствующих минералов встречается: вокелинит, пироморфит, миметезит, форнасит, церуссит, биндгеймит, ?благородное серебро, кварц, асболан. Первичных свинцевых минералов до сих пор еще не найдены. Считается с большой надежностью, что первично имелась жила саксонско образованной фторобаритовой свинцево-рудной формации с арсенидами и антимонидами. Анион хромата выводится из хромитов интензивно выветриванных вероятно в третичном серпентинитов.

Бланкенбург, Х.-Й.; Рэслер, Х.-Й.

SiO_2-мобилизация и образование кварца при процессе каолинизации

Z. angew. Geol., Берлин, 24 (1978) 4, стр. 173—179, 11 илл., 12 табл., 21 лит.

В статье попытается, на основе исследований на области генезиса каолина из порфира, гранодиорита и пехштейна представлять процесс происхождения каолина с таким результатом, что не смотря на похожий химизм рассмотренных пород в химизме образованных сырых каолинов выступили значительные отклонения. При помощи полученных результатов можно объяснить в большинстве сложные просессы растворения и кристаллизации при каолинизации различных исходных пород.

Ляхович, В. В.

Минеральный баланс как признак рудообразующей способности гранитоидов

(Реферат: В. Бейер)

Z. angew. Geol., Берлин, 24 (1978) 4, стр. 180—181, 1 табл.

Хэне, Р.; Ердан, Х.

Замечания к международной гидрогеологической терминологии

Z. angew. Geol., Берлин, 24 (1978) 4, стр. 181—186, 4 табл., 40 лит.

На краткое ограничение выражений следует изображение простой систематики гидрогеологических выражений и сопоставление одинаковых выражений на немецком, русском, английском и французском языках. Показываются примеры для нынешного различного применения переведенных выражений и особенно указывается необходимость одинакового применения гидрогеологических выражений.

Юбитц, К.-Б.

Проблемы развития и строения варисцид в средней Европе и на области СССР
— Отчет прогресса о палеозойском геосинклинальном процессе
Двухсторонная симпозия СССР—ГДР

Z. angew. Geol., Берлин, 24 (1978) 4, стр. 187—189, 5 лит.

Бахманн, Г.

Оползни и другие движения масс

— Отчет совещания —

Z. angew. Geol., Берлин, 24 (1978) 4, стр. 189—190

In den nächsten Heften

der

Zeitschrift für angewandte Geologie

erscheinen u. a. folgende Beiträge

POPOW, W. E.: Die vulkanogen-sedimentären Lagerstätten des Präkambriums und ihre Prognostizierung

ELISEJEWA, O. P.; OMELJANENKO, B. I.: Die lokale Uranverbreitung in Gesteinen und Mineralien als petrogenetischer Indikator

GIMM, W.; ROSETZ, G.: Anforderung der Geomechanik an die Erkundung fester mineralischer Rohstoffe

HAAKE, R.; HOTH, K.: Eine Antimonvererzung in der Kalklagerstätte Herold im mittleren Erzgebirge

GRUNERT, S.: Beitrag zur Nomenklatur und Systematik der Massenbewegungen an Hängen

SOLOWJEW, B. A.: Allgemeine Gesetzmäßigkeiten der Verteilung von Erdöl und Erdgas in den Salzbildungsbecken Europas

DENISENKO, W. W.; RUNDKWIST, D. W.: Neue Typen von stratiformer Wolframvererzung (Ref. BEYER)

KOWALEW, A. A.: Geodynamische Grundlagen einer regionalen Analyse der Verteilung und Bildung von Lagerstätten (Ref. BEYER)

SEIFERT, A.; RASCHER, J.; ROSELT, G.: Beitrag zur makropetrographischen Ansprache von Weichbraunkohlen

WOLFSON, F. I.; ARCHANGELSKAJA, W. W.: Zur Genesis von Kupfersandsteinlagerstätten

FREESE, C.; MEYER, G.: Zur Klassifikation und Bewertung von Vorratsverlusten am Beispiel des Kupferschieferbergbaus im Sangerhäuser Revier

DIKENSCHTEJN, G. C.; SCHWEMBERGER, J. N.; ALIJEW, I. M.; SOLOWJOW, B. A.: Theoretische Grundlagen und Methodik der Anfertigung tektonischer Karten für die Zweige der Erdöl- und Erdgasgeologie

ARABADSHI, M. S.; GAWRILOW, W. P.; MILNITSCHUK, W. S.; TARCHANOW, M. J.; SOLOWJOW, B. A.: Über den Aufschluß tief abgesunkener erdöl-erdgasführender Komplexe

Neuerscheinungen und Literaturhinweise

BAKIROW, A. A.; BAKIROW, E. A.

Theoretische Grundlagen und Methoden der Suche und Erkundung von Erdöl- und Erdgasakkumulationen (russ.)

Moskau: Hochschule 1976. 415 S., 184 Abb., 24 Tab., 4 S. Lit.

BESSOLES, B.

Géologie de l'Afrique

Paris 1977. 402 S., 112 Abb., 24 Tab., 11 S. Lit.
(Mem. Bur. Rech. géol. et min., Nr. 88)

CHOUKROUNE, P.

Strukture et évolution tectonique de la zone Nord-Pyrénéenne

Paris: Soc. géol. France 1976. 114 S., 66 Abb., 16 Taf., 1 Kt., 10 S. Lit.
(Mém. Soc. géol. France, nouv. Sér., Nr. 127)

JURIK, JA. V.

Die Hauptcharakteristiken der physikalisch-mechanischen Baugrundeigenschaften (russ.)

Kiew: Verlag Budiwelnik 1976. 213 S., 107 Tab., 8 Lit.

KASANSKIJ, JU. P.

Sedimentologie (russ.)

Nowosibirsk: Verlag Nauka, sib. Ausg., 1976. 271 S., 30 Abb., 102 Tab.
(Tr. Inst. Geol. i Geofis. AN SSSR, sib. Ausg., Bd. 294)

KORONOWSKIJ, N. W.

Kurzes Lehrbuch der regionalen Geologie der UdSSR (russ.)

Moskau: Verlag mosk. Univ. 1976. 398 S., 142 Abb., 2 Tab., 2 S. Lit.

KREMENEZKAJA, T. N.

Fluß-, Lagunen-, Seeablagerungen in vulkanischen Gebieten (russ.)

Moskau: Verlag Nauka 1977. 97 S., 33 Abb., 1 Tab., 85 Lit.
(Tr. geol. Inst. AN SSSR, Bd. 299)

KRENDELEW, W. P.

Das Niederbringen von Bohrungen bei der Suche und Erkundung von Seifenlagerstätten (russ.)

Moskau: Verlag Nedra 1976. 247 S., 80 Abb., 116 Tab., 40 Lit.

MIRONENKO, W. A.; NORWATOW, JU. A. u. a.

Hydrogeologische Untersuchungen im Bergbau (russ.)

Moskau: Verlag Nedra 1976. 351 S., 109 Abb., 35 Tab., 113 Lit.

RIDGE, J. D.

Annotated Bibliographies of Mineral Deposits in Africa, Asia — exclusive of the USSR — and Australasia

Oxford: Pergamon Press 1976. 545 S.

RUTSCHMANN, W.

Mechanischer Tunnelvortrieb im Festgestein

Düsseldorf: VDI-Verlag 1976. 200 S., 162 Abb., 25 Tab., 52 Lit.

TSCHERMNYCH, W. A.

Die Karbonstratigraphie des Nordurals (russ.)

Leningrad: Verlag Nauka, leningr. Ausg., 1976. 302 S., 12 Abb., 148 Lit.

WACHRAMEEW, W. A.; DOBRUSKINA, I. A. u. a.

Die Grenzen der geologischen Systeme (russ.)

Moskau: Verlag Nauka 1976 318 S., 37 S. Lit.

FSC
www.fsc.org
MIX
Papier | Fördert gute Waldnutzung
FSC® C083411

Kolibri 360 GmbH
Ferdinand-Jühlke-Straße 7
99095 Erfurt, Deutschland
produktsicherheit@kolibri360.de